Материалы II международной научно-практической конференции

Актуальные направления фундаментальных и прикладных исследований

10-11 октября 2013 г.

Москва

УДК 4+37+51+53+54+55+57+91+61+159.9+316+62+101+330

ББК 72

ISBN: 978-1493631735

В сборнике представлены материалы докладов II международной научно-практической конференции   " Актуальные направления фундаментальных и прикладных исследований "

Все статьи представлены в авторской редакции.

© Авторы научных статей

Содержание

Биологические науки

Чернявских С.Д., Буковцова И.С., Леонтьева Ю.В., Нгуен Тхи Хоа
ДЕЙСТВИЕ ТЕМПЕРАТУРНОГО ФАКТОРА НА МИГРАЦИОННУЮ АКТИВНОСТЬ ГЕМОЦИТОВ CARASSIUS CARASSIUS 1

Геолого-минералогические науки

Коломиец В.Л.
ГЕОЛОГИЯ И ГЕНЕЗИС НЕОПЛЕЙСТОЦЕНОВЫХ ПЕСЧАНЫХ ТОЛЩ ВПАДИН ЮГО-ВОСТОЧНОГО ПРИБАЙКАЛЬЯ 4

Исторические науки

Хрынова Т.А.
ОРГАНИЗАЦИЯ ПРИЗЫВА МОЛОДЕЖИ В ГОСУДАРСТВЕННЫЕ ТРУДОВЫЕ РЕЗЕРВЫ В 1940-1941 ГГ. 8

Мирзагитова А.Л.
НЕКОТОРЫЕ ОСОБЕННОСТИ СОВЕТСКОЙ УРБАНИЗАЦИИ ВО ВТОРОЙ ПОЛОВИНЕ XX ВЕКА 17

Левшина Ю.А.
ПРОБЛЕМА МОДЕРНИЗАЦИИ В ГЕРМАНИИ НАЧАЛА XX ВЕКА 20

Кузнецов Ю.В.
ОСОБЕННОСТИ ЛИБЕРАЛЬНОГО ПОДХОДА К ПРОБЛЕМЕ ИЗУЧЕНИЯ ИСТОРИИ В ШКОЛЕ (ПО ИТОГАМ ОБЩЕСТВЕННО-ПОЛИТИЧЕСКОЙ ПОЛЕМИКИ В США 80-90-Х ГГ. XX В.) 24

Рубанова И.В.
ДОКУМЕНТЫ ВЯТСКОЙ ГУБЕРНСКОЙ ЗЕМСКОЙ УПРАВЫ ПО ОРГАНИЗАЦИИ МЕРОПРИЯТИЙ В СВЯЗИ С РУССКО-ЯПОНСКОЙ ВОЙНОЙ (1904-1905 гг.) 28

Медицинские науки

Танас Е.В.
ВАРИАБЕЛЬНОСТЬ СИСТОЛИЧЕСКОГО АРТЕРИАЛЬНОГО ДАВЛЕНИЯ У ПАЦИЕНТОВ С ОСТЕОАРТРОЗОМ И АРТЕРИАЛЬНОЙ ГИПЕРТЕНЗИЕЙ 32

Залявская Е.В., Каушанская Е.В., Трефаненко И.В., Шваб А.Н.
ВЛИЯНИЕ ИММУНОМОДУЛИРУЮЩЕЙ ТЕРАПИИ У БОЛЬНЫХ РЕАКТИВНЫМ АРТРИТОМ С НАРУШЕНИЕМ ФУНКЦИОНАЛЬНОГО СОСТОЯНИЯ ПОЧЕК 34

Бриль Е.А., Смирнова Я.В.
ОПРЕДЕЛЕНИЕ В ДИНАМИКЕ СОСТОЯНИЯ ТКАНЕЙ ПОЛОСТИ РТА, В ЗАВИСИМОСТИ ОТ ВИДА И СРОКОВ АППАРАТУРНОГО ЛЕЧЕНИЯ 38

Содержание

Бриль Е.А., Смирнова Я.В., Бриль В.И.
ОБОСНОВАНИЕ МЕТОДА ПРОФИЛАКТИКИ СТОМАТОЛОГИЧЕСКИХ ЗАБОЛЕВАНИЙ У ОРТОДОНТИЧЕСКИХ ПАЦИЕНТОВ 41

Писаренко М.С., Есимова И.Е., Уразова О.И.
СОДЕРЖАНИЕ АКТИВНЫХ КОМПОНЕНТОВ JAK-STAT-СИГНАЛИНГА В ЛИМФОЦИТАХ КРОВИ У БОЛЬНЫХ ИНФИЛЬТРАТИВНЫМ ТУБЕРКУЛЕЗОМ ЛЕГКИХ 44

Горячева М.В., Шумахер Г.И., Костюченко Л.А., Белоусов А.А.
ЦИТОКИНЫ - ИНТЕРЛЕЙКИН -1 β И ВАСКУЛОЭНДОТЕЛИАЛЬНЫЙ ФАКТОР РОСТА В СЫВОРОТКЕ ПЕРИФЕРИЧЕСКОЙ КРОВИ У БОЛЬНЫХ С СИНДРОМАМИ ПОЯСНИЧНО-КРЕСТЦОВЫХ РАДИКУЛОПАТИЙ В СТАДИИ ОБОСТРЕНИЯ 47

Емельянчик Е.Ю., Салмина А.Б., Вольф Н.Г.
КЛИНИКО-ФУНКЦИОНАЛЬНАЯ ХАРАКТЕРИСТИКА И НЕКОТОРЫЕ МАРКЕРЫ ЭНДОТЕЛИАЛЬНОЙ ДИСФУНКЦИИ У ДЕТЕЙ С ВТОРИЧНОЙ ЛЕГОЧНОЙ АРТЕРИАЛЬНОЙ ГИПЕРТЕНЗИЕЙ 50

Аброськина М.В., Прокопенко С.В., Живаев В.П.
ИССЛЕДОВАНИЕ ФУНКЦИИ ХОДЬБЫ У КЛИНИЧЕСКИ ЗДОРОВЫХ ЛИЦ СРЕДНЕГО ВОЗРАСТА МЕТОДОМ ТРЕХМЕРНОГО ВИДЕОАНАЛИЗА ДВИЖЕНИЙ 54

Науки о земле

Парфилова Н.С., Левина С.Г., Сутягин А.А.
ТЯЖЕЛЫЕ МЕТАЛЛЫ В ЭЛЮВИАЛЬНЫХ ПОЧВАХ ВОДОСБОРА ОЗЕРА ШАБЛИШ (ТЕРРИТОРИЯ ВОСТОЧНО-УРАЛЬСКОГО РАДИОАКТИВНОГО СЛЕДА) 58

Педагогические науки

Буров К.С.
ОБОСНОВАНИЕ ПРОБЛЕМЫ ВЗАИМОДЕЙСТВИЯ СУБЪЕКТОВ ОБРАЗОВАНИЯ В ПОДГОТОВКЕ УЧАЩИХСЯ К ВЫБОРУ НАПРАВЛЕНИЯ ПРОФЕССИОНАЛЬНОГО ОБРАЗОВАНИЯ 61

Хрипунова Т.С.
ИЛЛЮСТРАЦИИ К НАРОДНЫМ СКАЗКАМ КАК СПОСОБ НРАВСТВЕННОГО ВОСПИТАНИЯ МЛАДШИХ ШКОЛЬНИКОВ 64

Buzhykov R.P., Buzhykova R.I.
PEDAGOGICAL CONDITIONS OF THE INTERNET TECHNOLOGIES USAGE IN FOREIGN LANGUAGE TRAINING OF INTERNATIONAL RELATIONS FACULTY STUDENTS 68

Сироткина Ж.Е.
ПЕДАГОГИЧЕСКИЕ ВОЗМОЖНОСТИ ВЗАИМОДЕЙСТВИЯ РАЗЛИЧНЫХ ВИДОВ ИСКУССТВА В ПРОЦЕССЕ ФОРМИРОВАНИЯ ПРОФЕССИОНАЛЬНЫХ УМЕНИЙ БУДУЩИХ УЧИТЕЛЕЙ НАЧАЛЬНЫХ КЛАССОВ И МУЗЫКИ 72

Депутатова А.П.
ПРИМЕНЕНИЕ ПРИНЦИПОВ АРТПЕДАГОГИКИ В ОБУЧЕНИИ ВЗРОСЛЫХ 76

Содержание

Психологические науки

Иванова К.А.
ИССЛЕДОВАНИЕ СКЛОННОСТИ ПОДРОСТКОВ К ВСТУПЛЕНИЮ В СУБКУЛЬТУРЫ 82

Захарченко Н.А.
ВИДЕОТЕСТ КАК МЕТОД ДИАГНОСТИКИ УРОВНЯ ДОВЕРИЯ ДЕТЕЙ 85

Сельскохозяйственные науки

Тибирьков А.П., Филин В.И.
ОПТИМИЗАЦИЯ ПЛОТНОСТИ ПАХОТНОГО ГОРИЗОНТА ПРИ ИСПОЛЬЗОВАНИИ ПОЛИМЕРНОГО ГИДРОГЕЛЯ НА СВЕТЛО-КАШТАНОВЫХ ПОЧВАХ НИЖНЕГО ПОВОЛЖЬЯ 88

Социологические науки

Ткач Д.С., Щипкова А.А.
ТРАНСФОРМАЦИИ В РАЗВИТИИ КЛАССИЧЕСКОГО УНИВЕРСИТЕТА: ИСТОРИЧЕСКИЙ АСПЕКТ 91

Крохмальный В.В.
ВОПРОСЫ РЕАЛИЗАЦИИ МЕРОПРИЯТИЙ КРАЕВОЙ ПРОГРАММЫ «ПРОГРАММА МОДЕРНИЗАЦИИ ЗДРАВООХРАНЕНИЯ СТАВРОПОЛЬСКОГО КРАЯ НА 2011-2013 ГОДЫ» 98

Коротаева Т.В., Жирнова К.В.
МЕНТАЛИТЕТ И СИСТЕМА ЦЕННОСТЕЙ РОССИЙСКОЙ И ЗАПАДНОЙ МОЛОДЕЖИ: СРАВНИТЕЛЬНЫЙ АНАЛИЗ 101

Технические науки

Пачурин Г.В., Власов В.А.
ПРОГНОЗИРОВАНИЕ СОПРОТИВЛЕНИЯ УСТАЛОСТИ ДЕФОРМИРОВАННЫХ МАТЕРИАЛОВ 106

Пачурин Г.В., Щенников Н.И.
КОМПЛЕКСНЫЙ ПОДХОД К ПРОФИЛАКТИКЕ НЕСЧАСТНЫХ СЛУЧАЕВ 109

Яхин Р.Г., Самигуллина Н.А., Яхин Р.Р.
СПЕКТРАЛЬНОЕ ИССЛЕДОВАНИЕ ВЛИЯНИЯ СВЧ - ИЗЛУЧЕНИЯ НА ПИЩЕВЫЕ ОТХОДЫ 112

Предин К.С., Зонов А.В.
АСПЕКТЫ ВЛИЯНИЯ ЭТАНОЛО – ТОПЛИВНОЙ ЭМУЛЬСИИ НА ЭКОЛОГИЧЕСКИЕ ПОКАЗАТЕЛИ ДИЗЕЛЯ 4Ч 11,0/12,5 В ЗАВИСИМОСТИ ОТ ИЗМЕНЕНИЯ УСТАНОВОЧНОГО УОВТ 115

Шарапов В.И., Орлов М.Е., Ротов П. В., Мордовин В.А., Чаукин П.Е.
ЭНЕРГОЭФФЕКТИВНАЯ ТЕХНОЛОГИЯ ЦЕНТРАЛИЗОВАННОГО ТЕПЛОСНАБЖЕНИЯ С ПРИМЕНЕНИЕМ ТЕПЛОНАСОСНЫХ УСТАНОВОК 119

Шарапов В.И., Орлов М.Е., Чаукин П.Е., Мордовин В.А.
ТЕХНОЛОГИЯ ОБЕСПЕЧЕНИЯ НАДЕЖНОСТИ КОМБИНИРОВАННЫХ СИСТЕМ ТЕПЛОСНАБЖЕНИЯ.. 122

Содержание

Патракеев Д.С., Дербишер Е.В., Дербишер В.Е.
ОБ ИНФОРМАЦИОННОЙ ПОДДЕРЖКЕ ПРОЕКТИРОВАНИЯ ВЕЩЕСТВ С ЗАДАННЫМИ СВОЙСТВАМИ 126

Пыжов А.М., Кукушкин И.К., Стрелкова А.В., Ромашин Е.Е., Пожидаев О.В.
УТИЛИЗАЦИЯ ОТХОДОВ ПРОИЗВОДСТВ ЭНЕРГОНАСЫЩЕННЫХ МАТЕРИАЛОВ ПРИ ПОЛУЧЕНИИ СТЕКЛОМАССЫ ДЛЯ ИЗГОТОВЛЕНИЯ ПЕНОСТЕКЛА 128

Черняев А.И., Трефилов В.А.
РАСЧЕТ ДОЛГОВЕЧНОСТИ ТЯЖЕЛО НАГРУЖЕННЫХ ЭЛЕМЕНТОВ С ИСПОЛЬЗОВАНИЕМ СТРУКТУРНО-ЭНЕРГЕТИЧЕСКОЙ ТЕОРИИ ОТКАЗОВ 131

Бесогонов А.П.
ПЛАЗМОГАЗОДИНАМИЧЕСКИЙ МЕТОД ГЕНЕРАЦИИ МЕТАЛЛИЧЕСКИХ НАНОКЛАСТЕРОВ 135

Баталин Б.С., Белозерова Т.А., Гайдай М.Ф
ОСНОВНЫЕ ПРИНЦИПЫ НАНОМОДИФИКАЦИИ СТРОИТЕЛЬНЫХ МАТЕРИАЛОВ ИЗ ТЕХНОГЕННОГО СЫРЬЯ 138

Одякова Д.С., Парахин Р.В., Харитонов Д.И.
МОДЕЛИРОВАНИЕ ВЗАИМОДЕЙСТВИЯ ОБЪЕКТОВ СИСТЕМЫ УПРАВЛЕНИЯ ЗАДАНИЯМИ В ТЕРМИНАХ СЕТЕЙ ПЕТРИ 145

Фармацевтические науки

Pulina N.A., Kozhukhar V.Y., Makhmudov R.R., Rubtsov A.E.
RESEARCH OF ANTINOCICEPTIVE ACTIVITY AMONG A SERIES OF AMIDES OF N-SUBSTITUTED 2-AMINO-4-ARYL-4-OXOBUT-2-ENOIC ACIDS 149

Физико-математические науки

Гукасов А.К., Гукасова Е.В.
ЧИСЛЕННОЕ РЕШЕНИЕ ЗАДАЧИ ОПТИМАЛЬНОГО УПРАВЛЕНИЯ ГРАНИЦЕЙ ФАЗОВОГО ПЕРЕХОДА ПРИ КВАЗИСТАЦИОНАРНОМ ПРОЦЕССЕ 153

Филологические науки

Olga V. Dekhnich
LANGUAGE, CULTURE AND CONCEPTUAL METAPHOR THEORY: THE CASE STUDY 157

Кандюк-Лебедь С.В.
ЖАНРОВЫЕ ОСОБЕННОСТИ МЕМУАРНОЙ ПРОЗЫ НАЧАЛА XIX ВЕКА 161

Сагадуллина Г.Н.
ВКЛАД РАФАЭЛЯ МУСТАФИНА В РАЗВИТИЕ ДЖАЛИЛОВЕДЕНИЯ 165

Ханова З.Д.
МЕСТО КОННОТАТИВНОЙ ЛЕКСИКИ НА УРОКАХ РУССКОГО ЯЗЫКА КАК НЕРОДНОГО 168

Содержание

Философские науки

Курцев Т.И.
ФИЛОСОФИЯ ИСТОРИИ ИЛИ ПАССИОНАРНАЯ ТЕОРИЯ ЭТНОГЕНЕЗА 174

Елизаров М.В.
О СОВРЕМЕННЫХ ТЕНДЕНЦИЯХ РАЗВИТИЯ ГОСУДАРСТВА, ЭКОНОМИКИ И КУЛЬТУРЫ 177

Химические науки

Гаджиева У.Р., Леденев С.М., Гаджиев Р.Б.
АНАЛИЗ ТЕХНОЛОГИИ ПРОЦЕССА ЗАМЕДЛЕННОГО КОКСОВАНИЯ НЕФТЯНЫХ ОСТАТКОВ 181

Экономические науки

Наумова О.Н.
АКТУАЛЬНЫЕ ПРОБЛЕМЫ ФУНДАМЕНТАЛЬНЫХ И ПРИКЛАДНЫХ ИССЛЕДОВАНИЙ ПОТРЕБНОСТИ ЭКОНОМИКИ РЕГИОНА В ПРОФЕССИОНАЛЬНО-КАДРОВОЙ СТРУКТУРЕ 183

Максименко А.Г.
КАДРОВОЙ ПОТЕНЦИАЛ В СОВРЕМЕННОЙ УКРАИНЕ 187

Вайнер А.С.
СОВРЕМЕННЫЕ ПРОБЛЕМЫ УПРАВЛЕНИЯ КОНКУРЕНТОСПОСОБНОСТЬЮ МАЛЫХ ПРЕДПРИЯТИЙ НА РЫНКЕ БЫТОВЫХ УСЛУГ 190

Стефанская М.А., Еганян Г.К., Новикова Е.О., Зайцева И.В.
РАЗВИТИЕ СОВРЕМЕННЫХ СИСТЕМ УПРАВЛЕНИЯ СКЛАДОМ 193

Юридические науки

Логинов Ю.М., Логинова Е.В.
ПУТИ ПОВЫШЕНИЯ ЭФФЕКТИВНОСТИ ГОСУДАРСТВЕННОГО ФИНАНСОВОГО КОНТРОЛЯ 196

Содержание

Чернявских С.Д.[1], Буковцова И.С.[2], Леонтьева Ю.В.[2], Нгуен Тхи Хоа[2]

[1] к.б.н., доцент кафедры анатомии и физиологии живых организмов Белгородского государственного национального исследовательского университета «БелГУ», [2] студенты Белгородского государственного национального исследовательского университета «БелГУ»
sevatani@mail.ru

ДЕЙСТВИЕ ТЕМПЕРАТУРНОГО ФАКТОРА НА МИГРАЦИОННУЮ АКТИВНОСТЬ ГЕМОЦИТОВ CARASSIUS CARASSIUS

В настоящее время в литературе имеется немало работ, посвященных изучению особенностей спонтанной и стимулированной миграции лейкоцитов при действии различных факторов [5, 122; 11, 212]. Широко представлены работы, связанные с общими изменениями в организме животных и человека при перегревании [1, 52; 2, 94; 6, 34; 9, 12]. Сведения о влиянии температурного фактора на особенности клеток крови низших позвоночных животных практически отсутствуют.

Целью данного исследования было изучение особенностей миграционной активности гемоцитов карася обыкновенного (*Carassius carassius*) при действии температурного фактора в опытах in vitro.

Материал и методы исследования.

В работе использовали периферическую кровь карася обыкновенного (*Carassius carassius*), взятую путем венопункции (хвостовая вена), предварительно наркотизировав животное эфиром. Объектами исследования служили ядерные гемоциты. В качестве антикоагулянта использовали гепарин (10 ед./мл.). Полученную кровь центрифугировали 4 мин при 400 g. Собирали нижнюю часть плазмы, богатую лейкоцитами, лейкоцитарное кольцо и эритроциты. Полученную суспензию гемоцитов разбавляли умеренно гипотоническим раствором NaCl в соотношении 1:10 (0,4%) и с помощью камеры Горяева проводили подсчет клеток крови.

В тесте миграции под агарозой изучали спонтанную локомоционную активность гемоцитов. За основу был взят классический метод, описанный в работах [3, 61; 10, 1650] в модификации [8, 16]. Гемоциты *Carassius carassius* инкубировали сутки в среде с 5% содержанием CO_2 при оптимальной (20°C), пониженной (5°C) и повышенной (37°C, 40°C) температурах. Через сутки клетки фиксировали спиртом в течение 30 мин. и окрашивали азур-эозином.

Площадь миграции гемоцитов оценивали с помощью анализатора изображений «Видео тесТ-Размер» 5.0 (ООО «Микроскоп-Сервис», г. Санкт-Петербург). Полученные результаты обрабатывали методами вариационной статистики с использованием специальных программ на персональном компьютере. Достоверность различий определяли по t-критерию Стьюдента.

Результаты исследования и их обсуждение.

Данные, полученные в ходе исследования, представлены на рисунке.

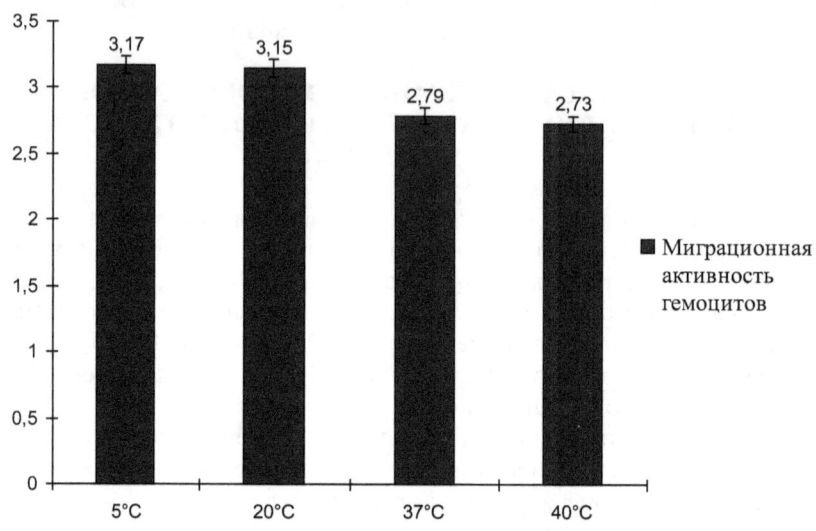

Рис. Показатели площади миграции гемоцитов *Carassius carassius* при действии температурного фактора

Как видно из рисунка, при пониженной температуре миграционная активность гемоцитов карася обыкновенного практически не изменяется, при повышении температуры до 37°C и 40°C наблюдается снижение изучаемого показателя на 11.43% и 13.33% соответственно по сравнению с температурой 20°C. Известно, что резкое увеличение температуры негативно влияет на физиолого-биохимический и иммунологический статус рыб, вызывая не только температурный стресс, но и температурный шок [4, 527]. Ряд авторов [7, 62], изучая механизмы влияния на организм термического фактора, показали, что при тепловом воздействии происходит повышение проницаемости лизосомных мембран и выход в кровоток протеолитических ферментов. Температура окружающей среды определяет так называемые «слабые» взаимодействия между молекулами, регулируя микровязкость липидного бислоя, фазовое распределение липидов, микроокружение белков, белок-липидные взаимодействия и другие характеристики структурной организации мембраны.

Литература
1. Ажаев А.Н. Физиолого-гигиенические аспекты действия высоких и низких температур // Проблемы космической биологии. – М.: Наука, 1979. – Т. 38. – 264 с.
2. Васильев Н.В., Захаров Ю.М., Коляда Т.И. Система крови и неспецифическая резистентность в экстремальных климатических условиях. – Новосибирск: Наука, 1992. – 257 с.
3. Дуглас С.Д., Куи П.Г. Исследование фагоцитоза в клинической практике // Пер. с англ. – М.: Медицина, 1983. – 112 с.
4. Исаева Н.М., Козиненко И.И. Иммуномодулирующее действие бактерий (их продуктов) на рыб // Вопросы Ихтиологии. – Т.39. – 1999. – №4. – С. 527-534.
5. Козинец Г.И., Высоцкий В.В., Погорелов В.М. Кровь и инфекция. – М.: Триада-фарм, 2001. – 456 с.
6. Козлов Н.Б. Гипертермия: биохимические основы патогенеза, профилактики, лечения. – Воронеж: Изд-во Воронежского университета, 1990. – 102 с.
7. Прокопенко Л.Г., Яхонтов Ю.А. Механизм стимуляции иммунного ответа при действии на организм высокой температуры // Патологическая физиология и экспериментальная терапия. – 1981. – №6. – С. 62-66.
8. Федорова М.З., Левин В.Н. Спонтанная миграция нейтрофилов крови в смешанной популяции лейкоцитов и ее изменения под влиянием веществ аутоплазмы при различных функциональных состояниях организма // Клиническая лабораторная диагностика. – 2001. – Т. 5. – С. 16-19.
9. Федорова М.З. Функциональные свойства и реактивность лейкоцитов крови при измененных условиях организма, вызванных факторами различной природы: автореф. дис. д-ра. биол. наук. – М. – 2002. – 32 с.
10. Nelson R.D., Quie P.G., Simmons R.L. Chemotaxis under agarose: a new and simple method for measuring chemotaxis and spontaneous migration of human polymorphonuclear leukocytes and monocytes // J. Immunol. – 1975. – Vol. 115. – P. 1650-1656.
11. Fedorova M.Z., Chernyavskikh S.D., Zabinyakov N.A., Pavlov N.A., Zubareva E.V. Comparative evaluation of the locomotion of vertebrates blood cells // Biological motility. Achievements ang perspektives. – Pushchino, 2008. – P. 212-213.

Коломиец В.Л.
кандидат геолого-минералогических наук, kolom@gin.bscnet.ru
Геологический институт СО РАН, г. Улан-Удэ
Бурятский государственный университет, г. Улан-Удэ

ГЕОЛОГИЯ И ГЕНЕЗИС НЕОПЛЕЙСТОЦЕНОВЫХ ПЕСЧАНЫХ ТОЛЩ ВПАДИН ЮГО-ВОСТОЧНОГО ПРИБАЙКАЛЬЯ

В Юго-Восточном Прибайкалье, между устьями рр. Селенга и Баргузин, протягивается цепь небольших отрицательных морфоструктур, которые по своему развитию, глубине залегания фундамента, структурному положению, конфигурации, степени морфологической выраженности и сейсмическому режиму относятся к инфантильным структурам [2]. Это – Налимовская, Нижнетуркинская, Котокельская впадины и несколько других более мелких депрессий (Максимихинская, Зезивандинская, Кикинская).

Налимовская впадина имеет северо-восточную ориентировку, воронкообразно сужается верх по течению р. Налимовки на 17–18 км, наиболее широкая ее часть вытянута вдоль берега бухты Безымянной оз. Байкал на 6,5 км. Для познания неоплейстоценовой истории развития изучаемой депрессии наибольший интерес представляют разновозрастные поверхности ее днища озерного и озерно-речного генезиса.

VII эрозионно-аккумулятивный уровень (ЭАУ) высотой 120–140 м залегает в виде неширокой полосы, размытой сетью эпизодических водотоков, вдоль подножья хр. Черная Грива. Сложен субгоризонтально-слоистыми мелко-среднезернистыми песками (средневзвешенный диаметр частиц $x=0,36–0,44$), из которых получена абсолютная дата на основе радиотермолюминесцентного (РТЛ) метода (1000000 ± 90000, ГИН СО РАН-399, поздний эоплейстоцен). Коэффициент вариации определяет происхождение осадков ($v=0,52–0,64$) как аквальное и принадлежит полю совмещения аллювиального и лимнического генезиса. По палеогидрологическим данным их накопление совершалось в слабопроточных неглубоких (до 2 м) озерных водоемах с умеренным динамическим режимом потоков, транспортировавших сюда наносы. Палеореки имели равнинный (число Фруда $Fr\leq0,1$) тип натуральных блуждающих русел в благоприятных условиях состояния ложа и свободного течения воды.

VI ЭАУ ранне-средненеоплейстоценового возраста (60–80 м) распространен вдоль северо-западного склона хр. Черная Грива и, ввиду размыва, состоит из разобщенных участков. Выполнен субгоризонтально-, слабоволнисто- и наклонно-слоистыми мелко-среднезернистыми песками ($x=0,39–0,40$ мм). Коэффициент изменчивости ($v=0,68–0,70$) соответствует аллювиально-озерному генетическому типу. Условия среды осадконакопления этой толщи характеризуются наличием неглубоких устойчивых слабопроточных озеровидных объектов с сетью палеопотоков равнинного типа (Fr≤0,1). Фациальная природа данных осадков – преимущественно береговые, прибрежные фации лимнической, а также подгруппа русловых нестрежневых фаций речной макрофации.

В первой половине среднего неоплейстоцена произошло формирование V ЭАУ (40–50 м), поверхность которого приурочена к присклоновой части котловины со стороны хр. Черная Грива. Осадки представлены субгоризонтально-слоистыми с наклонными и слабоволнистыми маломощными прослоями мелко-среднезернистыми песками (x=0,41–0,43 мм). Набор фракций и их процентное содержание, и, следовательно, статистические и палеопотамологические характеристики не имеют существенных отличий от таковых их более высоких уровней депрессии, что является доказательством существования схожих обстановок седиментации, имевших место на исследуемой территории в данный промежуток квартера.

Значительно большее распространение в пределах расширенной части депрессии имеет IV ЭАУ (2-я половина среднего неоплейстоцена, 25–35 м). Изученное вещество являет собой песчаный материал мелко- (x=0,42–0,45) и крупно-среднезернистой структуры (x=0,51–0,58). Показатели коэффициента вариации (v=0,55–0,69) сопоставляются с полем смешения двух обстановок седиментации, но учитывая близость к Байкалу и тот факт, что они не превышают верхнего предела в 0,8 единиц для осадков лимнического генезиса, данные пески следует считать озерными, накапливавшимися в высоко-динамичных условиях прибрежно-пляжевой фациальной зоны.

Поздненеоплейстоценовые III (15–25 м) и II (9–12 м) аккумулятивные террасы развиты широким фронтом вдоль берега Байкала на всем его протяжении. Сложены мелко- (x=0,42–0,45 мм) и крупно-среднезернистыми (x=0,50–0,57 мм) песками. Слоистость – маломощная, характер залегания субгоризонтальный, волнистый реже – косые серии обохренных гравелистых песков. Статистические параметры определяют некоторые различия динамики седиментационных бассейнов – более равновесная событийность периода аккумуляции осадков III террасы и повышенный в сравнении с ней энергетизм условий накопления осадков II террасы, связанный с возможным увеличением количества свободной воды в каргинское межледниковье, что подтверждается РТЛ-датированием этих отложений (>42000 л.н., ГИН СО РАН-396). Возраст осадков третьей террасы – ермаковский (>84000 л.н., ГИН СО РАН-397).

Таким образом, анализируя характер седиментогенеза Налимовской впадины, можно констатировать, что уже в позднем эоплейстоцене в котловине имел место озерный режим осадконакопления. Доставка материала осуществлялась небольшими водотоками равнинного типа, осаждение его происходило преимущественно в подводно-дельтовом положении. Схожие условия были характерны и на протяжении всего среднего неоплейстоцена – депрессия неоднократно становилась палеозаливом Байкала на всю ее длину типа современных соров (заливов с малыми глубинами). Преимущественно лимнический характер носил процесс осадконакопления в позднем неоплейстоцене – котловина до тектонического внутривпадинного порога, заливалась водами и, следовательно, представляла собой Налимовский палеосор.

Нижнетуркинская впадина занимает приустьевую часть нижнего течения р. Турки. В плане это сужающееся вверх по течению асимметричное субширотное понижение. Наиболее полный комплекс рыхлых отложений наблюдается на междуречье рр. Турки и Коточика. Это останцовый увал (60–80 м) с мелкохолмистой вершинной поверхностью и выположенными, местами с эрозионными врезами, склонами.

Гранулометрически осадки, слагающие этот массив, принадлежат к среднезернистым пескам с подчиненной ролью других разностей (мелко- и крупнозернистых). Слоистость горизонтальная, отчетливая. Текстурные и структурные особенности указывают на водный характер переноса и отложения осадков, а почти ровный механический состав – о близких энергетических условиях среды седиментации. Согласно гидродинамическим показателям отложение происходило в мелководном проточном озеровидном водоеме (прибрежные фациальные обстановки).

Важным моментом в понимании условий среды седиментации является факт обнаружения в этих песках спикул губок двух семейств: губок материковых водоемов сем. Spongillidae: *Ephydatia fluviatilis* L., *Spongilla* sp. и эндемичных байкальских губок сем. Lubomirskiidae – *Lubomirskia baikalensis* Pall. (Dyb.) [1]. Наличие данных видов обосновывает аккумуляцию песчаных толщ в озерном водоеме, который имел генетическую связь с оз. Байкал. Физико-географические условия этого палеоводоема были сходными с условиями, имеющими место в современных байкальских сорах.

Котокельская впадина имеет в плане субмеридиональную овальную форму, большая часть ее занята водами оз. Котокель. Слабонаклонное в сторону озера Котокель суходольное днище впадины выполнено разнообразным комплексом рыхлых осадков четвертичного возраста.

Эоплейстоцен-нижненеоплейстоценовые осадки слагают VII ЭАУ высотой 80–120 м. Вскрытая верхняя часть толщи представлена субгоризонтально-слоистым алевритово-средне-мелкозернистым песком (х=0,26 мм). Параметры коэффициента изменчивости соответствуют интервалу 0,4<v<0,8, который принадлежит области смешанного аллювиально-озерного генезиса. Формирование осадков происходило в неглубоком (до 1,5–2 м) лимническом слабопроточном постоянном водоеме.

Ранне-средненеоплейстоценовый VI ЭАУ высотой 50–80 м сложен псаммитовым материалом средне-мелкозернистой структуры (x=0,27–0,32 мм). По вертикали строение толщи невыдержанное, часты прослои и линзы темных илов, бурых тонкослоистых запесоченных суглинков, бурых, серых, пластичных голубовато-серых глин, отмечается интенсивное точечное и послойное обогащение окислами и гидроокислами железа, включения растительных остатков. Самым верхним горизонтам свойственен лессовидный облик. Коэффциент вариации песков (ν=0,5–0,7) свидетельствует об аквальном смешанном характере бассейна седиментации с наличием проточных с малой глубиной лимнических объектов и поступательных с замедленными гидродинамическими показателями русловых потоков равнинного типа.

Отложения средненеоплейстоценового IV ЭАУ (25–35 м) и верхненеоплейстоценовой III (17–25 м) террасы – мелко-среднезернистые пески (x=0,32–0,36) с субгоризонтальной, наклонной и волнистой слоистостью. Коэффициент вариации соответствует области негомогенного аквального генезиса. По палеогидрологическим данным глубины таких лимнических палеобассейнов не превышали 2–2,5 м.

На рубеже эоплейстоцена – неоплейстоцена в котловине возник стационарный неглубокий слабопроточный озеровидный водоем, где наряду с доминированием лимнических условий седиментации в прибрежной полосе акватории имели место и речные, связанные с проникновением в бассейн аккумуляции палеоводотоков малоподвижного равнинного характера. Подобная обстановка просуществовала вплоть до начала среднего неоплейстоцена. В его первой половине происходила неоднократная деградация озерной системы с распадением ее на небольшие отдельные застойные объекты, в которых совершалось накопление болотных и озерно-болотных фаций (глинистые прослои и линзы с богатым содержанием органики в теле VI уровня). Причиной этого могла быть аридизация климата в горах Прибайкалья, результатом которой явилось ограниченное поступление воды, вследствие чего озеро небольшой впадины быстро деградировало. С конца среднего и до финала позднего неоплейстоцена во впадине вновь происходит реставрация преимущественно лимнической среды седиментации, так как в ее палеогидрологическом режиме не наблюдается резких отличий в ситуациях осадконакопления, свойственных IV и III уровням.

Список литературы:

Мартинсон Г.Г. Третичная фауна моллюсков Восточного Прибайкалья // Труды Байкальской лимнологической станции. Т. XIII. М., Изд-во АН СССР, 1951. С. 5-92.

Солоненко В.П., Тресков А.А., Жилкин В.М. и др. Сейсмотектоника и сейсмичность рифтовой системы Прибайкалья. М.: Наука, 1968. 220 с.

Исторические науки

Хрынова Т.А.
Институт социально-экономического развития территорий РАН
E-mail: tah@vscc.ac.ru

ОРГАНИЗАЦИЯ ПРИЗЫВА МОЛОДЕЖИ В ГОСУДАРСТВЕННЫЕ ТРУДОВЫЕ РЕЗЕРВЫ В 1940-1941 ГГ.

В статье рассмотрен процесс мобилизации (призыва) молодежи в Государственные трудовые резервы накануне и в начале Великой Отечественной войны 1941-1945 гг., исследуется механизм управления мобилизацией, методы формирования контингента призываемой молодежи и распределение ее по направлениям подготовки рабочих кадров.

Ключевые слова: система государственных трудовых резервов, мобилизация молодежи, школы ФЗО, училища, контингент призываемой молодежи, источники.

Исследование процесса /призыва/ мобилизации молодежи в государственные трудовые резервы представляется актуальным ввиду слабой изученности данной проблемы. На современном этапе этот процесс может рассматриваться, что особенно важно, как способ действий при решении масштабных народнохозяйственных задач. Призыв молодежи в трудовые резервы в 1940 году и в последующие военные годы не случайно назывался мобилизацией, он носил массовый характер и затронул все области, края, республики СССР.

О том, как проходил этот процесс в Вологодской области, документально подтверждают источники исследования - материалы Государственного архива Вологодской области, сборники партийных и государственных документов, публикации в периодической печати тех лет. Они дают возможность получить достоверную информацию о мобилизации молодежи в трудовые резервы как явлении, не имеющем аналогов (за исключением мобилизации в ряды действующей армии).

В 1940 году советский народ продолжал работу по выполнению третьего пятилетнего плана. В условиях надвигающейся войны политическое и хозяйственное руководство страны активизировало проведение курса на ускоренное создание на востоке страны второй промышленной и сельскохозяйственной базы. Сюда направлялись растущие капиталовложения и материальные средства, техника и люди. Развитие производственной базы в Восточной Сибири требовало значительного увеличения трудовых ресурсов. Проблема наличия государственного резерва рабочих кадров обострилась и в целом по стране. Это положение было вызвано, в частности, введением в 1939 году всеобщей воинской повинности. Таким образом, возникла необходимость в кратчайшие сроки организовать массовую подготовку квалифицированных рабочих из числа городской и колхозной молодежи.

Важнейшим мероприятием, направленным на решение этих задач, стало создание системы Государственных Трудовых Резервов. Начало формированию трудовых резервов страны положил Указ Президиума Верховного Совета СССР от 2 октября 1940 г. «О государственных трудовых резервах СССР». В преамбуле Указа отмечалось: «Задача дальнейшего расширения нашей промышленности требует постоянного притока новой рабочей силы на шахты, рудники, транспорт, фабрики, заводы. Без непрерывного пополнения состава рабочего класса невозможно успешное развитие нашей промышленности. Перед государством стоит задача организованной подготовки новых рабочих из городской и колхозной молодежи и создания необходимых трудовых резервов для промышленности» [1].

Указом о трудовых резервах Совету народных комиссаров СССР было предоставлено право «ежегодно призывать (мобилизовать) от 800 тыс. до 1 млн. человек городской и сельской молодежи мужского пола в возрасте 14-15 лет для обучения в ремесленных и железнодорожных училищах и в возрасте 16-17 лет – для обучения в школах фабрично-заводского обучения» [1]. Указом гарантировалось полное государственное обеспечение молодежи на период учебы. В документе определялось, что «все, окончившие ремесленные, железнодорожные училища и школы фабрично-заводского обучения, считаются мобилизованными и обязаны отработать четыре года подряд на государственных предприятиях по указанию Главного управления трудовых резервов». Согласно Указу, закончившие обучение в системе государственных трудовых резервов получали временную отсрочку от призыва в Красную Армию и в Военно-Морской флот до истечения срока, обязательного для работы на государственных предприятиях.

Система государственных трудовых резервов становилась централизованным органом воспроизводства квалифицированной рабочей силы в масштабах всей страны.

Руководящим органом системы было Главное Управление Трудовых Резервов при Совнаркоме СССР. Соответствующие органы управления создавались в союзных республиках, краях и областях.

Функции Главного Управления Трудовых Резервов, обеспечивающие стабильную и бесперебойную работу системы, включали:
— составление планов подготовки трудовых резервов в СССР по профессиям с последующим их утверждением Совнаркомом СССР и осуществление контроля за их выполнением;
— руководство комплектованием ремесленных и железнодорожных училищ и школ ФЗО как путем призыва (мобилизации) по решению СНК СССР, так и путем открытого добровольного набора городской и сельской молодежи;

— составление планов распределения трудовых резервов, подготовленных в ремесленных училищах (РУ), железнодорожных училищах (ЖУ) и школах ФЗО с последующим утверждением в СНК СССР и контролем за использованием трудовых резервов наркоматами и ведомствами;
– учет Государственных трудовых резервов СССР;
– руководство обучением городской и сельской молодежи в РУ, ЖУ, в школах ФЗО определенным производственным профессиям;
– разработку и утверждение учебных планов и программ РУ, ЖУ и школ ФЗО, разработку и издание для них учебников и учебных пособий;
– разработку и внесение на утверждение СНК СССР смет расходов на содержание училищ и школ.

Согласно Постановления «О призыве городской и колхозной молодежи в ремесленные училища и школы ФЗО» с апреля 1941 года в стране развернулась активная работа по призыву (мобилизации) молодежи в трудовые резервы.

22 апреля 1941 года постановлением Правительства были установлены контрольные цифры численности призываемой молодежи по областям, краям, республикам.

В Приказе начальника Главного Управления трудовых резервов от 26 апреля 1941 года за № 281 «О подготовке государственных трудовых резервов в школах фабрично-заводского обучения, ремесленных и железнодорожных училищах в 1941 году» было дано указание приступить к подготовке приема молодежи в учебные заведения трудовых резервов путем призыва /мобилизации/ в областях, краях и республиках:

а) в школы ФЗО в период с 5 по 20 июня 1941 года принять 325.000 человек из числа городской, колхозной и другой сельской молодежи мужского пола в возрасте 16-17 лет;

б) в ремесленные, железнодорожные училища в период с 5 по 20 августа 1941 года принять 329.000 человек из числа городской и колхозной молодежи мужского пола в возрасте 14-15 лет;

в) в ремесленные и железнодорожные училища в августе 1941 г. в порядке открытого /добровольного/ набора принять 35.000 человек городской молодежи женского пола в возрасте 15-16 лет с соответствующим уменьшением контингента призываемых /мобилизуемых/ из числа городской молодежи мужского пола[1].

Мобилизация молодежи в трудовые резервы в Вологодской области проходила организованно и в сроки, согласно плану набора. География планового призыва охватывала все районы и города областного подчинения.

---

[1] ГАВО, ф.4793, оп.2, л.2

Общий контингент призываемой в школы ФЗО молодежи составлял 3.450 человек, в том числе городской молодежи – 400 человек, колхозной и другой сельской молодежи – 3.050 человек. В ремесленные и железнодорожные училища планировалась призвать по районам 3200 человек, в том числе городской молодежи – 200 человек, колхозной молодежи – 3000 человек. Но в последующем план призыва менялся, в кратчайшие сроки проводились дополнительные призывы. Так, было решено дополнительно призвать из Вологды, Сокола, Череповца, Великого Устюга 400 человек городской молодежи в школы ФЗО, увеличив тем самым контингент призываемой молодежи до 3450 человек. Призыв в ремесленные и железнодорожные училища был увеличен до 4150 (вместо 3200).

Кроме этого, было признано необходимым призвать из Вологодской области для укомплектования школ ФЗО в Мурманской области 450 человек, в Карело-Финской ССР – 600 человек. Для укомплектования ремесленных и железнодорожных училищ Мурманской области было дополнительно призвано из Вологодской области 600 человек, для училищ г. Ленинграда – 2.000 человек. В школы ФЗО в 1941 году было подано дополнительно 3309 заявлений.

Областное и городские управления трудовых резервов принимали участие в работе исполнительных комитетов городских, областных Советов депутатов трудящихся по установлению контингентов призыва по каждому городу и району и помогали в организации работы призывных комиссий.

Отбор молодежи призывными комиссиями осуществлялся в первую очередь среди воспитанников детских домов Народного комиссариата просвещения. При этом комиссии руководствовались утвержденными инструкциями по призыву и медицинскому отбору молодежи. Воспитанников детских домов из сельских местностей принимали в учебные заведения трудовых резервов за счет контингента сельской молодежи, городских – за счет контингента городской молодежи. В порядке открытого добровольного набора принимались девушки – воспитанницы детских домов в возрасте 15-16 лет в ремесленные и железнодорожные училища.

Призванная молодежь обеспечивалась верхней одеждой, обувью, двумя сменами белья и продуктами питания на пути следования к месту обучения. Перевозка набранной молодежи проходила централизованно под руководством Главного Управления Трудовых Резервов. В областном Управлении трудовых резервов был составлен план межобластных и внутриобластных перевозок призванной молодежи в школы ФЗО. Перевозки призванной молодежи осуществлялись специальными поездами, сформированными из пассажирских вагонов, в каждом из которых должно было помещаться не более 64 человек при следовании эшелона больше 2-х суток. Отправка призванной молодежи в Карело-Финскую ССР и Мурманскую область осуществлялась железнодорожным и водным транспортом из Вологды.

Так, 26 июня 1941 года двумя эшелонами туда было отправлено 1050 человек. Эшелоны формировались на станции «Вологда». Для обслуживания каждого эшелона областной отдел здравоохранения выделил двух медицинских работников. 150 человек было отправлено до места назначения пароходом.

Внутриобластные перевозки призванной молодежи осуществлялись водным и железнодорожным транспортом. Во время прибытия молодежи к месту назначения на станциях и пристанях дежурили ответственные лица из школ ФЗО.

Согласно плану распределения, количество учащихся в школах ФЗО по Вологодской области должно было составлять 2.400 человек, количество учащихся в ремесленных училищах и железнодорожном училище – 1.550 человек. В таблице №1 представлены плановые показатели распределения призываемой молодежи в школы ФЗО Вологодской области.

Таблица 1. **Распределение призванной молодежи в школы ФЗО**

Наименование районов, городов	Общая численность призываемых в школы ФЗО (человек)	Наименование районов, городов	Общая численность призываемых в школы ФЗО (человек)
Белозерский	80	Петриневский	20
Биряковский	40	Пришекснинский	30
Борисо-Судский	30	Рослятинский	70
Верховажский	80	Сокольский	50
Волховский	100	Сямженский	50
В.Устюгский	125	Тарногский	90
Кирилловский	110	Тотемский	150
Кич- Городецкий	165	Усть-Алексеевский	60
Бабушкинский	50	Устюженский	150
Лежский	40	Череповецкий	100
Междуреченский	40	г.Сокол	40
Мяксинский	30	Чебсарский	50
Никольский	195	Великий Устюг	75
Нюксенский	100	Череповец	30
Павинский	100	Вологда	150
ИТОГО:	Общая численность – 2400 человек		

Плановая численность контингента по районам и городам определялась количеством проживающего в них населения и сложившейся структурой хозяйства. Однако в ходе выполнения плановых заданий имели место отклонения, вызванные уровнем организационной и разъяснительной работы. Однако в целом по области поставленные задачи были выполнены.

Увеличение контингента учащихся поставило новые задачи: возникла необходимость в расширении сети учебных заведений трудовых резервов. Согласно решению Исполкома Вологодского областного Совета депутатов трудящихся от мая 1941 г., были дополнительно созданы ремесленные училища и школы ФЗО: в г. Устюжна было открыто ремесленное училище с контингентом 250 человек; школа ФЗО №4 металлистов была реорганизована в ремесленное училище №5 металлистов с контингентом 300 человек.

Дополнительно были открыты школа ФЗО строителей в г. Череповце с контингентом 200 человек, школа ФЗО строителей в г. Вологде на базе треста «Вологдапромстрой» с контингентом 230 человек.

Государство полностью взяло на себя содержание системы государственных трудовых резервов [6]. Школы ФЗО и училища, согласно Постановлению СНК СССР и ЦК ВКП (б) от 22 апреля 1941 года, обеспечивались помещениями, необходимым оборудованием, инструментом, инвентарем, а также материалами, необходимыми для производственного обучения и выполнения производственных заказов. Учащиеся обеспечивались бесплатными учебными и наглядными пособиями, трехразовым питанием, одеждой, спецодеждой, обувью и бельем. Сельской и иногородней молодежи предоставлялись общежития. В 1940 г. Государственные трудовые резервы получили 2 млн. пар обуви, 100 млн. метров хлопчатобумажной ткани, 3 млн. метров шинельного сукна и других шерстяных тканей для пошива форменной одежды. Совет Народных комиссаров СССР постановлением №2196 от 31 октября 1940 года «Об обмундировании и организации питания учащихся ремесленных, железнодорожных училищ и школ ФЗО» устанавливает единую форменную одежду. В комплект одежды для учащихся ремесленных и железнодорожных училищ входили: хлопчатобумажные гимнастерка и брюки, брюки из черной или темно-синей шерстяной ткани, шинель из черного грубошерстного сукна, суконная фуражка с фибровым козырьком и ремешком, ватная хлопчатобумажная куртка, шапка, ремень поясной с бляхой, ботинки кожаные черные. На петлицах шинелей учащихся ремесленных училищ были прикреплены металлические буквы «РУ» и цифры, указывающие на номер училища. На петлицах шинелей учащихся железнодорожных училищ прикреплены металлические буквы «ЖУ» и цифры, указывающие на номер училища. Пуговицы на шинели и гимнастерке были металлические с изображением перекрещивающихся молотка и гаечного ключа. На фуражках учащихся ремесленных училищ канты были темно-синего цвета, на фуражках учащихся железнодорожных училищ канты были малинового цвета. Значки к фуражкам – металлические – перекрещивающиеся молоток и гаечный ключ.

Для учащихся школ ФЗО форменная одежда впервые была установлена Постановлением СНК СССР ЦК ВКП(б) №204 от 27 января 1941года «О дополнительных мерах по подготовке государственных трудовых резервов в школах фабрично-заводского обучения в 1941 году». Комплект обмундирования включал полупальто из хлопчатобумажной ткани черного цвета на вате, гимнастерку и брюки из хлопчатобумажной ткани черного или синего цвета; ботинки яловые; фуражку суконную. Для обозначения формы одежды учащихся школ ФЗО вводились следующие знаки: петлицы на воротнике полупальто; на петлицах прикреплены металлические буквы «ШФЗО» и цифры, указывающие номер школы; канты темно-синего цвета на петлицах полупальто (для учащихся железнодорожных школ ФЗО канты малинового цвета). Фуражка учащегося школы ФЗО отличалась от фуражки учащегося ремесленного или железнодорожного училища отсутствие кантов.

В Вологодской области в ходе выполнения заданий по мобилизации и организации обучения обнаружилась существенная нехватка учебных помещений, поэтому для размещения учащихся ремесленных, железнодорожного училищ и школ ФЗО призыва 1941 года по решению областных и местных органов власти были переданы трудовым резервам деревянные и кирпичные здания, а также вновь строящиеся дома.

Общее количество принятых в учебные заведения трудовых резервов Вологодской области в 1941 году представлено в таблицах 2 и 3.

Таблица 2. **Численность принятых в школы ФЗО в 1941 году**

Название учреждения	Принято в 1941 году (кол-во человек)
Школа ФЗО №1 при Вологодском железнодорожном узле	280
Школа ФЗО №2 лесного дела при Тотемском леспромхозе Народного комиссариата леса	360
Школа ФЗО №3 строителей г. Вологды	290
Школа ФЗО №4 строителей в Череповце, организуемая вновь при Череповецком горсовете	240
Школа ФЗО №5 речников при судоремонтном заводе им. Национального флота (г. Великий Устюг)	370
Школа ФЗО №6 деревообделочников при Лензаводе №40 г. Сокол	190

Школа ФЗО №7 речников при судоверфи им. Желябова (Устюжна)	200
Школа ФЗО №8 стройматериалов, организованная вновь при втором кирпичном заводе областного отдела строительной промышленности	150
ИТОГО:	**2080**

Таким образом, в 1940-1941 гг. школы фабрично-заводского обучения Вологодской области должны были принять на обучение 1670 человек, а приняли 2080, план приема был перевыполнен на 24,6%.

Таблица 4. **Численность принятых в училища в 1941 году**

Название учреждения	Принято в 1941 году (кол-во человек)
Железнодорожное училище №1 при паровозоремонтном заводе Народного комиссариата путей сообщения, г. Вологда	200
Ремесленное училище №2 бумажников при бумажном комбинате им. Куйбышева, г. Сокол	150
Ремесленное училище №3 речников при Народном комиссариате речного флота, г. Вологда	350
Ремесленное училище №4 связи на базе ФЗУ связи, г. Великий Устюг	100
Ремесленное училище №5 металлистов на базе ФЗО при заводе «Северный коммунар» - создано вновь.	200
Ремесленное училище №6 текстильщиков, организованное вновь на базе ФЗО Красавинского льнокомбината, пос. Красавино, г. Великий Устюг	300
Ремесленное училище №7 мебельщиков, организованное вновь на базе Устюженского райпромкомбината	250
Ремесленное училище №8 металлистов, организованное вновь на базе Великоустюгской школы механизации	250
ИТОГО:	**1800**

Училища системы Государственных трудовых резервов Вологодской области в 1940-1941гг., как и школы ФЗО, перевыполнили план приема молодежи на 125%, что говорит о высокой организации работы.

Массовая мобилизация молодежи в государственные трудовые резервы стала не только крупнейшим народнохозяйственным мероприятием, но и фактором большой социальной значимости, обусловившим профессиональное определение и материальную поддержку молодежи в сложнейший исторический период, поэтому изучение истории создания государственных трудовых резервов имеет актуальное значение не только в контексте исторической науки, но и в использовании накопленного системой профессионального образования опыта, который может быть применен в целях ускорения модернизации экономической и социальной сферы современной России.

Список литературы

1. Ведомости Верховного Совета СССР [Текст]. – Москва, 1940. - №37.
2. Государственный архив Вологодской области, ф.4793, оп.2., л.2
3. Ильин А.С. Рождение трудовых резервов. [Электронный ресурс].– Режим доступа: htt://www.gramota.net/materials/3/2011/6-1/19.html
4. Котляр Э.С. Государственные трудовые резервы СССР в годы Великой Отечественной войны – М.,1975.
5. Решения партии и правительства по хозяйственным вопросам. Т.2, М.1967.
   С.774.
6. .Хрынова Т.А. Развитие сети и контингентов учебных заведений трудовых резервов в 1941 году (на примере Вологодской области) //Молодые
   исследователи - регионам: материалы Всероссийской научной конференции
   студентов и аспирантов в 2-х т. – Вологда: ВоГТУ, 2009.–Т.2. – С.329.
7. Хрынова Т.А. Система государственных трудовых резервов: вклад в дело Великой Отечественной войны (по материалам архивов Вологодской области //Историческое краеведение и архивы: материалы областной научно-практической конференции.18 марта 2010 г. Выпуск 17.– Вологда,
   2010. – С. 170-178.

Мирзагитова А.Л.
ассистент кафедры частного и публичного права, Елабужский институт Казанского федерального университета
neahmat@mail.ru

НЕКОТОРЫЕ ОСОБЕННОСТИ СОВЕТСКОЙ УРБАНИЗАЦИИ ВО ВТОРОЙ ПОЛОВИНЕ XX ВЕКА

Формирование и рост городов – процесс закономерный. Безусловным двигателем этого процесса является экономика. Правильное понимание этого процесса возможно лишь на основе анализа соотношения процессов экономического развития и тенденций развития городов. Показательным этапом бурного роста городов в Российской истории является вторая половина XX в., в течение которой возникло более двухсот новых городов. Большинство современных российских промышленных городов активно формировалось во второй половине XX в. под влиянием советской индустриализации и административно-финансового управления государственных органов. Большая их часть была основана на незаселенных местах, а их создание было вызвано необходимостью промышленного освоения новых территорий. Да и значительная часть национального дохода направлялась именно на процессы освоения новых земель и градостроительство.

Чтобы понять причины высокого темпа роста новых городов, необходимо определить их преимущества перед городами, уже существовавшими не одно десятилетие.

Во-первых, отметим, что основной тенденцией в размещении новых городов являлось обеспечение сырьевой потребности промышленного производства. Она реализуется в освоении новых территорий, в возникновении новых производственных точек. В рассматриваемый нами период это движение происходило на восток, выражалось в освоении новых восточных территорий.

Второй особенностью является то, что новые города находили свое расположение в удобных с географической точки зрения местностях. Это такие территории, которые характеризовались наличием развитой системы транспортных путей, близким расположением производств добывающей и обрабатывающей промышленности.

Бесспорными аргументами в пользу нового города можно выдвинуть следующие положения:
- новый город позволяет рационально и экономично организовать обеспечение его потребительской потребности;
- на еще незастроенной площадке можно полнее учесть и реализовать рекомендации архитекторов, экономистов, социологов, экологов и других специалистов;

- новый город предполагает современную пространственную организацию: выделение функциональных зон, органичное включение природных ландшафтов в архитектуру города.

С другой стороны, важно отметить, что высокий темп строительства каждого конкретного города (а в исследуемый период возникали, как правило, промышленные города) влек за собой и серьезные издержки.

Основная градообразующая функция индустриального города, предопределенная его экономико-географическим положением, – это промышленная функция, поэтому основу градостроительной структуры индустриального города представляет градообразующее предприятие [1,121-122]. Другими словами, город возникает с целью обслуживания промышленного предприятия. Отсюда и вытекает весь комплекс проблем советского промышленного города. Возникают и социальные проблемы гендерного характера (тип промышленного производства определяет половозрастную принадлежность основного населения), возникает большая текучесть населения. Все эти тенденции выражаются в том, что многие показатели социальной инфраструктуры, социально-бытового и культурного обслуживания населения формирующихся городов часто оказываются значительно ниже необходимых.

Одной из самых серьезных издержек процесса формирования новых промышленных городов второй половины XX в. является возникновение экологических проблем, связанных с пренебрежением принципом природосбережения. Очевидно, что в более ранние исторические периоды города развивались естественно, в наиболее подходящих для этого местностях, где сама окружающая среда благоприятствовала и создавала часть инфраструктуры, где природа успевала естественным образом восстанавливаться. Новейшие же города отличаются полным подавлением и изменением окружающей среды, тем более в течение очень короткого по историческим меркам времени – всего за несколько лет. Негативизм этих последствий особенно возрос в 60 – 70-е годы XX века, потому что интенсивное промышленное развитие влекло за собой отбрасывание экологических ограничений [2, 84]. Несмотря на то, что необходимость тщательного учета экологических факторов в процессе хозяйственной деятельности, развития городов, урбанизированных регионов была закреплена в советском законодательстве (в постановлении Верховного Совета СССР «О мерах по дальнейшему улучшению охраны природы и рациональному использованию природных ресурсов» от 20 сентября 1972 г. указывается, что «научно-технический прогресс должен сочетаться с бережным отношением к природе и ее ресурсам, способствовать созданию наиболее благоприятных условий для жизни и здоровья, для работы и отдыха трудящихся», а с 1975 г. в государственное планирование СССР введен специальный раздел «Охрана природы»), учет экологических факторов в связи с развитием городов, урбанизированных регионов не приобретает обязательного характера. В значительной мере это объясняется тем, что со стороны государства не были разработаны эффективные методики комплексного контроля за изменением природной среды урбанизированных районов, основы научного управления экологической ситуацией и определения экономической и социальной эффективности природоохранительных и природовосстановительных мероприятий.

Таким образом, можем отметить, что вторая половина XX века характеризуется большими темпами городского строительства в России. Этот процесс был обусловлен, в первую очередь, послевоенным восстановлением экономики, а во-вторых, форсированными темпами индустриального развития. Возникла безальтернативная необходимость создать собственную сырьевую базу для развивающейся экономики. Иначе как строительством новых городов с их инфраструктурой достичь этой цели было практически невозможно ввиду того, что достаточно редко новые источники полезных ископаемых открывались вблизи уже существующих городов. Однако этот процесс не прошел без негативных последствий и выразился в серьезном обострении экологической ситуации в регионах, где возникли новые промышленные города, и в стране в целом.

Литература

1. Колокольчикова Р.С.. Экономико-географический фактор в градостроительной политике северных регионов СССР//Ярославский педагогический вестник. 2012. № 2 – Том I (Гуманитарные науки). С.121-122.
2. Мирзагитова А.Л. К проблеме взаимодействия «город – окружающая среда»: историко-экологический аспект. //Актуальные проблемы гуманитарных и естественных наук. 2013.№6. С.84-86.

Левшина Ю.А.
аспирант кафедры всеобщей истории исторического факультета
Орловского государственного университета
E-mail: LJuA-rf@mail.ru

ПРОБЛЕМА МОДЕРНИЗАЦИИ В ГЕРМАНИИ НАЧАЛА XX ВЕКА

К началу XX столетия в Германском государстве сложилась ситуация, позволившая наиболее остро ощутить потребность в преобразовании общественной жизни. Предвоенный период позднего Вильгельминизма был неоднозначным переходным временем в развитии всего германского общества. Протекавший процесс национального становления усложнялся острой необходимостью демократических преобразований в рейхе. Экономический базис, социальная структура, с одной стороны, политическая надстройка, государственные институты и организации, с другой, отличались большой сложностью и находились в противоречивых отношениях между собой. [6, с. 99] Сравнительно молодое германское государство, отметившее в начале века своё тридцатилетие, находилось в продолжительном системном кризисе. Технологическая модернизация в Германии, проведенная без модернизации социальной, имела лишь краткосрочный эффект. Комплекс растущих внутренних проблем качественно менял требования к функционированию всей общественной системы. В этих условиях проведение всестороннего обновления жизни германского социума позволило бы конструктивно направить и ускорить развитие общественных отношений.

Вопрос необходимости преобразований германского социума созрел как во властных структурах, так и внутри общественности. Инициатива проведения модернизации могла исходить как «сверху», так и «снизу». Первый путь подкреплялся доминирующей ролью государства в германской среде. Как ведущий социальный актор, власть в лице династии Гогенцоллернов, олицетворяла общую историю единой Германии. Режим конституционной монархии, служивший связывающим звеном между монархией и народным суверенитетом, позволял осуществлять длительные стратегические планы национального развития. В это время кайзер опирался не на монархическую, а на национальную, как бы данную взаймы, и демократическую легитимность. [7, с. 60] Ведущие политические течения Германии становились на путь конвергенции различных идеологических постулатов, переходили от идеологической зашоренности к прагматизму и центризму. [8, с. 58] При этом потенциал германского реформизма вполне соответствовал характеру и масштабу социальных проблем рубежа XIX-XX веков. Однако реформистские разработки натолкнулись на целый ряд препятствий: отсутствие прочных парламентских традиций и опытной политической элиты, конфронтационный характер политической культуры, отсутствие демократической среды для реализации реформ. [15, с. 85] Потребность в легитимации власти значительно повысилась благодаря ранней политической мобилизации рабочих и недостаточной сплоченности нового национального государства. [15, с. 83] Помимо внутренних проблем ситуация в Германии усложнялась присутствием интернациональных феноменов того времени: скандалов [1, s. 139] и терроризма [2, s. 161], тесно связанных с национальной спецификой. Германия пребывала в перманентном государственном кризисе с 1890 года [5, s. 69] и на 1913 год, по мнению Голо Манна, в обществе отсутствовало ясное видение, как своего будущего, так и окончания кризиса [3, s. 544]. Тогда классическая германская традиция, где в основе всякой власти лежит жизненно важная связь и сплоченность народа и правительства [12, с. 329], подрывалась сложившейся социально-политической средой. За внешним блеском и мощью Германии угадывались беспокойство и неуверенность в завтрашнем дне. [13, с. 133] Власть в качестве ведущего модернизатора не обладала достаточной устойчивостью и прогрессивностью, а принцип государственного патернализма как основной в процессе модернизации Германии не отвечал масштабности и достаточной радикальности необходимых перемен.

Германское государство, характеризуемое в первую очередь как самоорганизация на базе общества [4, s. 12-13], позволяет видеть в германском социуме ключевого субъекта национальной жизни. Выступая посредником между государственным и частным, германское общество непосредственно ощущало любые изменения условий человеческого общежития. Так в начале века общественная жизнь обуславливалась проблемным национальным становлением с сопутствующими задачами социальной модернизации. Германское общество с характерным для него многообразием субъектов экономической, политической и культурной жизни в это время строилось по плюралистическому принципу. Многогранность частных интересов, представленная как в практике «личной дипломатии», так и в разнообразии союзов по интересам, обуславливала сильную дифференциацию германского социума. Немецкое общество «беспокойной» (М. Штюрмер) Империи 1871-1918 гг. внутренне раздиралось противоречиями и фобиями, [14, с. 169-170] масса которых была стойка и инертна. [3, s. 550] Любое общественное явление определялось отношением социальных интересов. В частности, по замечанию Альфа Людке «политизация частной жизни», выявляла различные формы перераспределения материальных и эмоциональных ресурсов, которые полностью релятивизировали арену формальной политики [11, с. 101]. При этом в рамках германского общества немецкий дух и государство существовали порознь, но в одной манере. [3, s. 548] Это во многом объясняется тем, что общество периода правления Вильгельма II имело соответствующую экономическому буму раздробленную и декадентскую интеллектуальную культуру. Радикальные перемены в германской общественной жизни совершенно изменили взгляды на жизнь и соответствующую им систему жизненных координат. Нравственные и религиозные нормы, которые направляли немцев в прошлом, оказались в начале двадцатого столетия более чем когда-либо, наполнены сомнением и презрением [12, с. 330]. Немецкий дух, не представляя собой что-то единое [10, с. 45-46] и извечно находясь в гармоническом становлении, утратил органический баланс в условиях пикирующего предвоенного четырнадцатилетия. Нестабильность империи нашла отражение и в обострении конфликта поколений. Старшее, являясь очевидцем создания рейха, с гордостью взирало на превращение Германии в державу мирового ранга. Но значительная часть молодежи считала это государство воплощением духовной пустоты и лживости. Поиски альтернатив вели к радикальному отрицанию ценностей старшего поколения – терпимости, умеренности, вере в разум и добро человека. Родители были либералами или консерваторами, сыновья и дочери становились националистами, нигилистами или социалистами [13, с. 134-135] притом, что социализация в семье и школе имела тенденцию к аполитичности. [14, с. 159] Переоценка признанных ценностей несла в себе все подводные камни протекавшей новой ситуации. Возникавшие в обществе вопросы игнорировались или решались по-старому, что переводило их на дальнейший уровень сложности. Всё это негативно отражалось на состоянии национального здоровья Германии, дополненное враждебным вниманием к не соответствующей логике европейского развития немецкой штурмовой эволюции. Эта «эволюция,- по мнению германского кронпринца,- стояла как призрак» не только в закате одного поколения, но и на заре другого, возвещая наступление новой эры [9, с. 29]. Данные настроения в германской среде ограничивали восприятие и участие в модернизации страны. Это определило несостоятельность системного обновления Германии, так как социальная адаптация и воспроизводство достижений политической, экономической, культурной и пр. модернизации обеспечивается в социальной сфере. Недостаточная национальная зрелость германского социума не позволила ему стать ведущим модернизатором Германского государства.

Таким образом, проблема масштабной модернизации в Германском государстве в виду длительной дестабилизации жизни всего общества, обусловленной скачкообразным экономическим прогрессом, присутствовала в виде назревающего вопроса. Целостному пониманию необходимости конструктивного и эффективного реформирования в Германии препятствовала глубокая дифференциация и анахроничность германского общества и германского государства, выступавших одновременно в качестве объекта и субъекта процесса модернизации.

Список литературы
1. Bösch Frank. Grenzen des „Obrigkeitsstaates". Medien, Politik und Skandale im Kaiserreich // Das Deutsche Kaiserreich in der Kontroverse. Hrsg. Sven Oliver Muller und Cornelius Torp. Gottingen: Vandenhoeck & Ruprecht, 2009. S. 136-153.
2. Haupt Heinz-Gerhard. Gewalt als Praxis und Herrschaftsmittel. Das Deutsche Kaiserreich und die Dritte Republik in Frankreich im Vergleich // Das Deutsche Kaiserreich in der Kontroverse. Hrsg. Sven Oliver Muller und Cornelius Torp. Gottingen: Vandenhoeck & Ruprecht, 2009. S. 154-164.
3. Mann Golo. Deutsche Geschichte des 19. und 20. Jahrhunderts. Frankfurt am Main, 1977. 1055 s.
4. Torp Cornelius, Müller Sven Oliver. Das Bild des Deutschen Kaiserreichs im Wandel // Das Deutsche Kaiserreich in der Kontroverse. Hrsg. Sven Oliver Muller und Cornelius Torp. Gottingen: Vandenhoeck & Ruprecht, 2009. S. 9-27.
5. Wehler Hans-Ulrich. Das Deutsche Kaiserreich. 1871-1918.: Deutsche Geschichte. Band 9. Gottingen: Vandenhoeck & Ruprecht. 272 s.
6. Айзин Б.А. Исторические условия и особенности назревания революции в Германии в начале XX века // Ежегодник Германской истории 1988. М.: Наука. 1991. С. 97-104.
7. Евдокимова Т.В. Условия развития "фюрунгсгруппен" кайзеровской Германии как источник формирования особенностей политической элиты веймаровской Германии // Научные ведомости. 2009. №7 (62). С. 58-62.
8. Забалуев В.Г. Германский политический католицизм как предшественник христианской демократии // Новая и новейшая история. 1994. №3. С.43-58.
9. Записки германского кронпринца / Пер. с нем. И. Борхсениус. М.-Петроград, 1923.
10. Зомбарт В. Собрание сочинений в 3 томах. Т.2. / Пер. с нем. Спб.: ВЛАДИМИР ДАЛЬ, 2005. 654 с.
11. Людке А. История повседневности в Германии: Новые подходы к изучению труда, войны и власти / пер. с англ. и нем. К.А. Левинсона и др. М.: РОССПЭН. 2010. 271 с.
12. Озмент С. Могучая крепость: Новая история германского народа / пер. с англ. М. Жуковой. М.: АСТ, 2007. 539 с.
13. Патрушев А.И. Германская история. М.: Весь Мир, 2003. 256 с.
14. Сдвижков Д.А. Bildungsburgertum и интеллигенция - опыт сравнительной родословной // Россия и Германия. Вып. 3. М.: Наука, 2004. С. 140-183.
15. Шмидт Т.З. Особенности германского буржуазного реформизма на рубеже XIX-XX веков // Материалы междунар. науч. конф. "Германия и Россия: опыт и уроки отношений в XIX-XX вв.", 13-14 окт. 1999 г. Вып.3. 2000. С.82-86.

Кузнецов Ю.В.
кандидат исторических наук, доцент, докторант кафедры всеобщей истории Орловского государственного университета
E-mail: ykuznetsov@yandex.ru

ОСОБЕННОСТИ ЛИБЕРАЛЬНОГО ПОДХОДА К ПРОБЛЕМЕ ИЗУЧЕНИЯ ИСТОРИИ В ШКОЛЕ (ПО ИТОГАМ ОБЩЕСТВЕННО-ПОЛИТИЧЕСКОЙ ПОЛЕМИКИ В США 80-90-Х ГГ. XX В.)

В последние два десятилетия XX века в США развернулась масштабная дискуссия о том, какую историю следует изучать американским школьникам. В ходе нее были подняты проблемы национальной и гражданской идентичности, патриотизма, расовых отношений, мультикультурализма и другие. По этой причине анализ материалов данной дискуссии позволяет проследить некоторые черты современной идеологической жизни в Соединенных Штатах – эволюцию, порой даже трансформацию, основных идеологических направлений, а также их реакцию на новые явления социальной действительности.

Особый интерес представляет лагерь так называемых «ревизионистов» или «деконструкционистов», по определению С. Хантингтона [1, 223]. Именно оттуда исходили новые идеи, будоражившие американское общество. Этот лагерь в дискуссии по проблемам исторического образования был представлен весьма разнородными группами, но наиболее влиятельными в нем были академические историки.

К концу 80-х гг. либерально настроенные историки занимали доминирующую позицию в своей профессиональной среде, демонстрируя очевидное теоретико-методологическое превосходство перед консерваторами. Они разделяли убеждение в необходимости переключить внимание исследователей с элиты на периферийные, локальные группы – расовые, этнические и прочие меньшинства, рабочих, женщин. Либералы приветствовали плюрализацию истории, распространение «других историй». По оценке Джоан Скотт, это вело не только к обновлению исторической науки, но и демократизации исторической практики. «Другие истории», по ее утверждению, способствовали постановке совершенно нетривиальных вопросов, затрагивающих такие сферы, как социальные различия, социальное неравенство, социальная иерархия [7, 689]. Позднее, когда речь уже шла о модернизации исторического образования, Г. Нэш, Ш. Крабтри и Р. Данн высказали такой аргумент: «Американцы никогда не соглашались с одной, унифицированной версией нашего прошлого и никогда не согласятся, если нашей стране суждено остаться демократической» [4, 22] .

В начале 90-х гг. академические историки попытались возглавить процесс реформирования исторического образования в школе. Наиболее заметную роль в этом процессе сыграли Гэрри Нэш, , профессор истории Калифорнийского университета в Лос-Анджелесе и Шарлота Крабтри, специалист по учебным программам из того же университета. Они являлись руководителями Национального центра по истории в школах (NCHS) и содиректорами Национального совета по стандартам в области истории (NCHS). Будучи исследователем-новатором, хорошо известным в научных кругах, Г. Нэш со своими единомышленниками стремился к обновлению содержания исторического образования с учетом последних достижений исторической науки.

Реформаторы требовали преодоления, по их выражению, джингоистского, близорукого отношения к преподаванию и изучению истории. Они выступали за честный и трезвый взгляд на историю, против упрощения и приукрашивания национальной истории. Либералы стремились добиться, чтобы учебные программы и учебники отражали роль различных социальных, этнических, расовых и религиозных групп в истории США. Немаловажно также и то, что они отказывались признавать какое-либо преимущество западной цивилизации и ее институтов. Традиционное почитание западных ценностей некоторые ученые рассматривали не иначе, как проявление расизма [7, 683]. Реформаторы добивались, чтобы в школах изучалась полноценная всемирная история, и были категорически против попыток свести ее к изучению истории западной демократии. Кроме того, считая, что история по своей сути является дисциплиной интерпретирующей, что она не может быть сведена к запоминанию «объективных фактов», либералы стремились развивать самостоятельное критическое мышление учащихся.

Либеральные представители академического сообщества нередко терпимо и даже с сочувствием относились к выступлениям теоретиков и активистов расово-этнических групп. Их с ними объединяло стремление решительно обновить содержание исторического образования. В 90-е гг. многие представители академического и педагогического сообщества активно поддержали идеи мультикультурализма и часто сами демонстрировали образцы мышления в его рамках [См., напр.: 2; 8]. Подобное отношение к мультикультурализму можно встретить и в начале XXI в. Так, Винсент Парилло доказывает, что мультикультурализм – это новый термин для обозначения традиционного для истории США культурного плюрализма в различных его проявлениях, не исключая даже экстремистские или сепаратистские варианты [5, 148-149]. Понятно, что автор терпимо относится и к мультикультурному образованию, не видя в нем никакой угрозы единству общества.

Либеральные ученые, участвовавшие в движении за обновление исторического образования, отвергали обвинения традиционалистов в том, что предлагаемая ими версия истории непатриотична. Они считали, что знакомство школьников с мрачными страницами истории не ведет к умалению или отрицанию патриотизма, а, напротив, способствует формированию ответственных и информированных граждан. В выступлениях на тему патриотической истории, либералы нередко апеллировали к идеалам демократии, переводя тем самым обсуждение вопроса в более выгодное для них русло. Как, например, доказывал Роберт Фуллинвайдер, плюралистическая социальная история служит идеалам демократии, подкрепляет американское кредо, поскольку показывает достоинство простых людей, их борьбу против дискриминации и эксплуатации [6, 211].

Часть либералов в вопросе о патриотизме придерживалась менее компромиссной позиции. В 90-е годы некоторые ученые предложили нетрадиционные трактовки патриотизма, негативно оценивая патриотические эмоции и «священные церемонии», отдавая предпочтение общечеловеческим, гуманистическим, либерально-демократическим принципам и идеалам. Поэтому, надо признать, что консервативные критики были не слишком далеки от истины, уличая либеральных интеллектуалов в космополитизме [1, 423]. .

Имплицитная, редко озвучиваемая, и в то же время характерная черта либералов – вера в то, что американскому обществу присуще стремление к консенсусу. Однако это не мешало им критиковать консенсусно-ориентированное преподавание истории. Общественное движение к консенсусу, в их представлении, временами замедляется или даже совсем прекращается [3, 122]. Но это не отменяет закономерной линии развития, поскольку в конечном итоге происходит разрешение противоречий, как это не раз было в прошлом. Перенося подобные ,сциентистские в своей основе, взгляды на проблемы изучения истории, либералы первыми же подвергали критике традиционные учебники и программы. Они без пиетета относились к известному ряду понятий, ценностей и исторических личностей, которые прежде по молчаливому соглашению не предназначались для критического анализа. Десакрализацию прежних ценностей, обновление исторических мифов, как бы болезненно это не происходило, либералы считали естественным и неизбежным процессом, обусловленным социальными изменениями. Все та же убежденность в том, что стремление к консенсусу является в конечном итоге доминирующей тенденцией в обществе, объясняет то, почему либеральные историки и обществоведы смело и даже провокационно поднимали проблемы расы, гендера, национальной идентичности и патриотизма, обостряя тем самым общественно-политическую дискуссию. Впрочем, и саму дискуссию они считали необходимой и полезной, поскольку она привлекла общественное внимание к поставленным ими же проблемам.

По той же причине либералы «с пониманием» относились к мультикультурализму и даже в той или иной степени поддерживали его. Антиисторические и даже откровенно расистские заявления некоторых представителей радикального крыла афроцентризма вызывали у либералов лишь сожаление вместо однозначного осуждения.

Таким образом, заимствование либералами элементов теории консенсуса, прежде присущей консервативным мыслителям, дало им дополнительный импульс к радикальному пересмотру программ школьного курса истории, нисколько не опасаясь фрагментации истории, размывания национальной идентичности, ослабления единства общества и прочих негативных последствий. Тем не менее, это не позволило либералам одержать такую же победу в сфере реформирования исторического образования, как в сфере академической

Литература

1. Хантингтон С. Кто мы? Вызовы американской национальной идентичности. Пер. с англ. А. Башкирова. М.: ООО «Изд-во АСТ»: ООО «Транзиткнига», 2004.

2. Graff R. Beyond the Culture Wars: How Teaching the Conflicts Can Revitalize American Education. New York: Norton, 1993.

3. Moreau J. Schoolbook Nation. Conflicts over American History Textbooks from the Civil War to the Present. Ann Harbor: The University of Michigan Press, 2004.

4. Nash G.B., Crabtree Ch., Dunn R. History on Trial. Culture Wars and the Teaching of the Past. N.Y.: Alfred A. Knoph, 1997.

5. Parrillo V.N. Diversity in America. Pine Forge Press, 2009.

6. Public Education in Multicultural Society: Policy, Theory, Critique / R. Fullinwider, ed. Cambridge University Press, 1996.

7. Scott J.W. History in Crisis? The Others' Side of the Story // American Historical Review. 94. June 1989. P. 680-692.

8. Takaki R. Multiculturalism: Battleground or Meeting Ground? // The Annals of the American Academy of Political and Social Science. 530. 1993. P. 109-121.

Рубанова И.В.
доцент, к.и.н.
ФГБОУ ВПО «Глазовский государственный
педагогический институт им. В.Г. Короленко»

ДОКУМЕНТЫ ВЯТСКОЙ ГУБЕРНСКОЙ ЗЕМСКОЙ УПРАВЫ ПО ОРГАНИЗАЦИИ МЕРОПРИЯТИЙ В СВЯЗИ С РУССКО-ЯПОНСКОЙ ВОЙНОЙ (1904-1905 гг.)

С началом русско-японской войны все события в Вятской губернии «всецело находились под влиянием войны на Дальнем Востоке». Необходимость в помощи выросла, а с ней и «желательность» расширения земского содействия, которое нашло подтверждение в документах фонда Вятской губернской земской управы в Государственном архиве Кировской области.

Отложившаяся в фонде делопроизводственная документация разнообразна и позволяет выделить ряд направлений и конкретных мероприятий деятельности земства.

Одним из важных направлений стало участие Вятского земства в Общеземской организации помощи больным и раненым воинам. Препровожденные Московской губернской земской управой в Вятскую губернскую управу журналы совещаний от 1 февраля и 7 марта 1904 г. касались организации 8 земствами совместной помощи больным и раненым воинам на Дальнем Востоке путем устройства и содержания этапных врачебно-питательных пунктов [1, 12]. Озвученные на совещаниях требования исполнительной комиссии Российского общества Красного Креста к снаряжению земских отрядов, означали полную самостоятельность земств в организации необходимой помощи, обусловленной срочностью отправки отрядов в театр военных действий [1, 18-18об].

На очередном совещании представителей земств от 18 марта подробно рассматривались вопросы подготовки и оснащения земских санитарных отрядов на 25 коек, включая штат персонала и уровень его профессиональной подготовки, условия оклада, страхования, снаряжения продуктами питания, предметами для выпекания хлеба, кипячения воды, перевязочными средствами [1, 23-23об]. Договорились о форме, размере, порядке назначения пособий и пенсий лицам, пострадавшим во время своей работы в отрядах и их семьям. Определено число отрядов, снаряжаемых в земствах в количестве 20. Обозначены и сроки их отправки на Дальний Восток между 1 и 15 мая [1, 24, 25].

Уже в ноябре 1904 г. в очередном журнале совещания представителей общеземской организации главноуполномоченный князь Г.Е. Львов доложил о работе 21 земского отряда, отправленного на

Дальний Восток силами 14 земств. Подчеркивалось, что польза от их работы общепризнанна и засвидетельствована в телеграмме генерал-адъютанта А.Н. Куропаткина. В документе отмечалось, что к настоящему совещанию участие Вятской губернии не выяснено, т.к. отсутствовал представитель губернии [1, 524, 525].

Спустя несколько недель 20 декабря 1904 г. после доклада Вятской губернской земской управы, губернское собрание вынесло решение о присоединении к организации и внесло в кассу общеземской организации через посредство Московской губернской земской управы 45 тыс. руб. на обеспечение в 1905 г. санитарных отрядов на Дальний Восток [1, 148, 148об].

Как следует из дальнейших документов, Вятская губерния не ограничилась только ассигнованием средств, земство принимало непосредственное участие в снаряжении врачебно-питательных отрядов. К этому же времени относятся составленные управой подробные списки закупки продовольствия для земских отрядов. Губернская управа пыталась решить проблему выдачи санитарному отряду, отправлявшемуся в г. Сретенск, рентгеновского аппарата, бесплатный или льготный отпуск лекарств из земской аптеки для 150 раненых и больных воинов. Имеющиеся на документе пометы от руки свидетельствуют, что оперативно было дано задание изыскать возможности на выдачу лекарств [1, 128, 131].

Отложившиеся в делопроизводстве губернской управы рекламные буклеты, брошюры от паровой консервной фабрики «АО Ланковский и Ликон», лаборатории перевязочных материалов провизора Яковлева, «Торгового Дома Раузер, Вибер и К.», фабрики А.Е. Преловского по изготовлению госпитального оборудования, также подтверждают активную деятельность земства в снабжении санитарных отрядов [1, 56-69, 106-107, 119, 125].

Немаловажным направлением в деятельности земства становится призрение семей нижних чинов запаса, призванных на действительную службу. По российским законам именно местное самоуправление должно было взять на себя заботу об этих семьях. Переписка с Вятским земством Смоленской, Рязанской, Тверской, Вологодской губернских земских управ свидетельствовала о том, что к лету 1904 г. порядок оказания помощи семьям призванных чинов запаса до сих пор оставались неясным [1, 81, 120-123].

Вопросы призрения семей обсуждались в докладах Глазовской, Сарапульской, Можгинской, Елабужской, Вятской уездных управ. Выносимые на уездные собрания проблемы касались не только разбора конкретных ходатайств и прошений от солдатских вдов, размера пособий и единовременных выплат на найм работников, продовольствие скота, обучение детей, поиск отапливаемых помещений. Основным вопросом оставался источник поступления финансовых средств для оказания помощи, ставшей чрезвычайно обременительной статьей уездных расходов. Открытых губернской земской управой кредитов, пропорционально призванных лиц по вятским уездам, не хватало, поэтому она обратилась с предложением начать сбор добровольных пожертвований в уездах на пособия семьям запасных. Эта практика была распространена и после окончания войны [1, 360].

Уездные управы в своих докладах ходатайствовали перед губернским собранием об удовлетворении наиболее вероятных источников финансирования, которыми могли стать: долгосрочная ссуда как беспроцентная так и за проценты из запасного страхового и других свободных капиталов, заимствование средств из капитала на «воспособление» населению по случаю неурожаев, временная ссуда с возмещением займа по смете следующего года [1, 88, 97].

Обсудив с уездами вопрос о выдаче пособий семьям, особая комиссия губернской управы обратилась в январе 1905 г. с докладом в Вятское губернское земское собрание, где оговаривались основные условия призрения: выдавать пособие следовало всем семьям во всех случаях, когда предвидится расстройство домашнего хозяйства; пособия не подлежали никаким вычетам или взысканиям; предлагалась форма (бланк) для сбора сведений о семейном положении лиц, призванных на войну и обязательным стало фиксирование заявления в учетной волостной и уездной документации [1, 179-179об]. Имеющиеся в деле заполненные формы дают уникальный материал о повседневной жизни и положении семей запасных нижних чинов.

В мае 1905 г. в докладе губернской земской управы были приведены подробные расчеты предполагаемых расходов на призрение семей с учетом рост цен на продукты питания с вероятностью на общую мобилизацию по уездам Вятской губернии. На основании данных расчетов губернское земское собрание выступило с ходатайством перед российским правительством о беспроцентной ссуде Вятскому земству из средств казны в размере до 1 млн. рублей на срок 50-75 лет [1, 446, 448об].

Информационные возможности деловой документации в данном деле позволяют выделить и иные хозяйственно-административные, социальные и политические мероприятия периода войны. Например, обязательная организация противохолерных мероприятий уездными управами, требующая держать особый запасной фонд на случай заноса и распространения холеры и чумы [1, 157-157об]. Дополнительные расходы, связанные с подготовкой медикаментов, помещений для эпидемических больниц, снабжение их обстановкой, приглашение медперсонала, усугубляли проблему нехватки средств на помощь семьям призванных.

Занималась губернская управа и распространением идеи бесплатных «трудовых убежищ» для увечных участников русско-японской войны по просьбе комитета Ее Императорского Высочества великой княгини Елизаветы Федоровны. В этом убежище «калеки» могли вернуться к земледельческому труду, обучиться ремеслам (сапожному, портному, слесарному, лудильному, переплетному), что давало возможность в дальнейшем «существовать личным трудом» [1, 611].

Высказало Вятское земство и свое отношение к начавшейся революции. В петиции от 15 марта 1905 г. Чрезвычайного губернского земского собрания в Совет министров обращено внимание на непростое современное положение государственной и общественной жизни, из которого единственным выходом может стать «созыв свободно избранных народных представителей для правильного участия в законодательстве». Всякое же промедление повлечет за собой «неизмеримо тяжкие последствия» для страны. Вятское губернское земское собрание просило правительство внять голосу земских людей, близких к народу [1, 303-303об].

Таким образом, документы архивного фонда достаточно широко освещают мероприятия земских органов. Заверяя Августейшего Монарха в своих верноподданнических чувствах, Вятское земство на деле показало «готовность на всевозможные жертвы в тяжелую годину войны» [1, 97].

Список литературы

1. Государственный архив Кировской области. Ф. 616. Оп. 1. Д.1358.

Медицинские науки

Танас Е.В.
аспирант кафедры внутренней медицины, клинической фармакологии и профессиональных болезней Буковинского государственного медицинского университета, г.Черновцы, Украина
tanas_elena@mail.ru

ВАРИАБЕЛЬНОСТЬ СИСТОЛИЧЕСКОГО АРТЕРИАЛЬНОГО ДАВЛЕНИЯ У ПАЦИЕНТОВ С ОСТЕОАРТРОЗОМ И АРТЕРИАЛЬНОЙ ГИПЕРТЕНЗИЕЙ

Актуальность. Артериальная гипертензия (АГ) является наиболее распространённым заболеванием в мире и по данным эпидемиологических исследований достигает 26%. В Украине АГ страдают почти 13 млн. человек. Масштабные эпидемиологические исследования последних десятилетий выявили новые социально-значимые заболевания, среди которых болезни костно-мышечной системы и соединительной ткани занимают ведущие позиции. При этом одно из главных мест в данной категории принадлежит остеоартрозу (ОА). По данным различных исследований частота сочетания (АГ) у больных (ОА) составляет 50-80%. В медицинских публикациях последних лет все чаще появляется информация о том, что люди, страдающие ОА, имеют более высокий риск развития ССЗ, а также более высокий уровень общей смертности по сравнению с популяцией.

Цель исследования: изучить вариабельность дневного систолического артериального давления (САД) у пациентов с изолированной (АГ) и у больных АГ с сопутствующим ОА.

Материал и методы. Было обследовано 30 больных, среди которых 15 пациентов (1-я группа) ОА и АГ, 15 больных изолированной АГ (2-я группа) без ОА. Уровень артериального давления изучали путем проведения суточного мониторирования артериального давления аппаратом SDM 23 «ИКС-Техно» (Украина). Оценивали средние суточные показатели артериального давления (АД) в обеих группах и вариабельность дневного САД.

Результаты исследования. Естественная вариабельность АД изменяется на протяжении суток и зависит от внешних и внутренних факторов, в том числе физической нагрузки, стрессорных механизмов. Как известно, предельной величиной для вариабельности дневного САД является 15 мм рт. ст. Установлено, что у больных (второй группы) с изолированной АГ без ДО она колеблется в этих пределах, а у пациентов с ДО (первая группа) превышала допустимый уровень. Увеличение вариабельности АД приводит к развитию сердечно-сосудистых осложнений и повышению смертности больных. Так, в исследуемых группах наблюдали вариабельность дневного САД: у больных с ОА она была достоверно выше (p<0,05). Следует также отметить зависимость вариабельности САД у этих пациентов от выраженности болевого синдрома. У больных ДО, у которых сумма всех баллов суставного синдрома (болевого, воспалительного и ограничения движений в суставе) была более 7 баллов, средняя вариабельность дневного САД составила 17,6 ± 0,8 мм рт. ст. и достоверно (p<0,01) превышала среднюю вариабельность дневного САД (12,1 ± 0,5 мм рт. ст.) у больных с индексом суставного синдрома менее 4. При определении степени корреляционной зависимости между величиной вариабельности дневного САД и суммарным индексом выраженности болевого синдрома у больных ДО выявлено наличие между ними вероятной корреляционной связи умеренной силы (r = 0,514; p<0,05).

Выводы. Результаты суточного мониторирования АД свидетельствуют, что хроническая боль, которая возникает при суставном синдроме при ДО, можно рассматривать как стресорний механизм воздействия на организм человека, который приводит к повышению вариабельности дневного САД и значительно ухудшает течение АГ.

Залявская Е.В., Каушанская Е.В., Трефаненко И.В., Шваб А.Н.
Буковинский государственный медицинский университет
г. Черновцы, Украина

ВЛИЯНИЕ ИММУНОМОДУЛИРУЮЩЕЙ ТЕРАПИИ У БОЛЬНЫХ РЕАКТИВНЫМ АРТРИТОМ С НАРУШЕНИЕМ ФУНКЦИОНАЛЬНОГО СОСТОЯНИЯ ПОЧЕК

Вступ. Реактивный артрит (РеА) – иммунозависимое заболевание, в качестве важного патогенетического механизма которого рассматриваются изменения в уровне продукции цитокинов. Большое значение в патогенезе реактивного артрита играет повышение уровня провоспалительных цитокинов ФНО-α, ИЛ-1β и ИФ-γ в крови. Известно, что ФНО-α имеет рецепторы на хондроцитах, является активатором воспаления и тканевого повреждения, стимулируя также синтез простагландинов, фактора активации тромбоцитов, супероксид-радикалов, металлопротеиназ. Кроме того, ФНО-α индуцирует синтез других провоспалительных цитокинов (ИЛ-1, ИЛ-6, ИЛ-8), стимулирует пролиферацию фибробластов и ингибирует синтез коллагена и протеогликанов, что свидетельствует о его хондродеструктивном действии [1, 601; 2, 57]. Повышенная продукция провоспалительных цитокинов в свою очередь приводит к повреждению канальцевого отдела нефрона [3, 24], а назначение препаратов, входящих в стандарты лечения реактивных артритов, в частности НПВП, только повышают и так высокий риск возникновения нефропатии [4, 18]. Поэтому необходимо усовершенствовать програму лечения больных на РеА, как для коррекции нарушений функционального состояния почек, так и для ее профилактики.

Цель исследования: изучить влияние сверхмалых доз антител к ФНО-α (препарат «Артрофон») на иммунологические показатели активности и функциональное состояние почек у больных реактивным артритом.

Материал и методы. Проведено исследование в динамике лечения у 60 больных на Реактивный артрит, активность I-III ст. Функциональная недостаточность суставов (ФНС) I-III ст. без патологии почек (30 человек) и на Реактивный артрит, активность I-III ст. ФНС I-III ст. с коморбидных течением ХБП I-II ст.: хронический пиелонефрит в фазе обострения, ХПН 0-I ст. (30 человек). Согласно назначенному лечению обследованные больные были разделены на две группы. Контрольную (1) группу составили 15 больных РеА без патологии почек, 15 больных РеА на фоне хронического пиелонефрита в фазе обострения, получавших традиционную терапию: питание с учетом ограничений диеты № 6/7, антибиотики (доксициклин по 0,1г 2 раза в день 10 дней, или моксифлоксацин 0,4 г 1 раз в сутки, или азитромицин 0,5 г 1 раз в сутки), нестероидные противовоспалительные препараты (лорноксикам 0,004 г 2 раза в сутки). Основную (2) группу, составили пациенты (30 человек), которые, кроме аналогичных диетических рекомендаций, антибактериальной и противовоспалительной терапии употребляли Артрофон (по 0,006 г 4 раза в сутки) в течение 3 месяцев. Артрофон представляет собой сверхмалые дозы аффинно очищенных антител к человеческому ФНО-α (смесь гомеопатических разведений С12, С30 и С200) с противовоспалительным и иммуномодулирующим эффектами [5, 24]. Группы больных были рандомизированы за возрастом, полом, продолжительностью и активностью коморбидных заболеваний. Контрольную группу составили 20 практически здоровых лиц (ПЗЛ) соответствующего возраста. Диагноз РеА устанавливали согласно критериям ESSG (European Spondyloarthropathy Study Group) с использованием международных критериев (4th International Workshop on Reactive Arthritis, Berlin, 1999). Диагностику ХБП с определением стадии ХПН проводили согласно классификации, принятой II съездом нефрологов Украины (24 сентября 2005, г. Харьков), стадию заболевания определяли с учетом показателей функции почек, рассчитанных по клиренсу эндогенного креатинина (Рябов С.И., Наточин Ю.В., 1997). Для оценки цитокинового статуса у обследованных больных определяли содержание ИЛ-6, ФНО-α и ИЛ-1β в сыворотке крови методом твердофазного иммуноферментного анализа (ИФА) с использованием моноклональных антител (набор реактивов "Diaclone", Франция). Для статистической обработки материала были использованы современные параметрические и непараметрические методы вариационной статистики.

Результаты исследования. Средняя продолжительность заболевания обследованных больных составляла 24,4±4,7 месяца. Средний возраст больных составлял 32,5±1,2 года. Результаты лечения оценивали через 4-12 недель от начала лечения. Под «значительным улучшением» понимали исчезновение жалоб больных, общей активности патологического процесса, возбудителей в мазках из урогениталий и восстановления функции почек. Обязательными условиями для «улучшения» были уменьшение артралгий, болей в периартикулярных тканях и активности заболевания, исчезновение системных проявлений, возбудителей в мазках из урогениталий и исчезновения мочевого синдрома и восстановление функции почек.

У больных обеих групп содержание в крови ФНО-α и ИЛ-1β превышал значение в группе ПЗЛ в 1,6 раза и 1,5 раза соответственно ($p < 0,05$), в то время как содержание в крови ИЛ-6 был ниже показателя в группе контроля в 1,5 раза ($p<0,05$). В то же время у больных контрольной и основной групп наблюдались близкие данные диапазона средних значений содержания в крови противовоспалительного ИЛ-4 по сравнению с ПЗЛ ($p>0,05$).

При исходных одинаково высоких показателях ФНО-α в обеих группах уже через три месяца лечения во 2-й группе было отмечено статистически достоверное снижение уровня этого цитокина почти в два раза ($p<0,05$).

На 3-й месяц лечения в основной группе наблюдения уровень ИЛ-1β в крови с достоверной вероятностью снизился на 41 % по сравнению с исходными показателями и показателями контрольной группы, в тот же период лечения ($p<0,05$). Также у больных 2-й группы наблюдалось достоверное снижение уровней ИЛ-6 на 50 % после проведенного лечения по сравнению с исходными показателями ($p<0,05$). В группе сравнения отмечалась лишь тенденция к снижению данных цитокинов в течение всего периода наблюдения.

Полученные результаты свидетельствуют о возможности Артрофона снижать продукцию провоспалительных цитокинов ФНО-α, ИЛ-1β и ИЛ-6.

С целью контроля функционального состояния почек было определено скорость клубочковой фильтрации (СКФ) на всех этапах исследования. В обеих группах исходные величины СКФ были несколько снижены по сравнению с ПЗЛ ($p>0,05$). Однако уже в первый месяц лечения во 2-й основной группе больных наблюдалось повышение СКФ почти на 5%, а на 3-й месяц - на 6% по сравнению с исходными данными и достоверно выше по сравнению с группой контроля ($p<0,05$). Совершенно противоположная динамика наблюдалась в первой исследуемой группе, где величина СКФ на протяжении всего периода наблюдения имела тенденцию к снижению.

Среди других показателей эффективности Артрофон следует обратить внимание на то, что через месяц лечения суточная доза НПВП в основной группе уменьшилась до 50%, а в течение 3 месяцев лечения НПВП были отменены всем больным, получавшим их.

Повышенная продукция цитокинов ФНО-α, ИЛ-1β и ИЛ-6, которые за счет своих провоспалительных свойств и способности к генерации супероксид анион радикала - инициатора реакций перекисного окисления липидов способны вызвать развитие дополнительных реакций повреждения почечных канальцев и ранних механизмов развития псевдоренального синдрома [3, 24]. Артрофон с иммуномодулирующим эффектом способствует восстановлению баланса основных цитокинов, т.е. уменьшает системное воспаление, проявляет устойчивое обезболивающее действие, уменьшает необходимость применения НПВП и, возможно, именно эти свойства объясняют его положительное влияние на функцию почек. Эффективность Артрофона подтверждена при различных заболеваниях суставов и опорно-двигательного аппарата [6, 48], в том числе при ревматоидном артрите, псориатическом и подагрическом артрите, анкилозирующем спондилите, остеоартрозе, периартрит плечевого сустава и у пациентов с неспецифическим язвенным колитом (НЯК), в патогенезе которых важную роль также играет ФНО-α.

При проведении наблюдения в обследуемых нами больных не было отмечено ни одного случая обострения на фоне приема препарата. У всех больных переносимость препарата была хорошая, не было отмечено никаких клинических и лабораторных признаков нефро- и/или гепатотоксичности препарата.

Выводы. На фоне приема Артрофон наблюдалось снижение ключевых провоспалительных цитокинов (ФНО-α, ИЛ-6, ИЛ-1β) и достоверное повышение скорости клубочковой фильтрации на третий месяц лечения по сравнению с исходными и контрольными данными ($p<0,05$). Непрерывный длительный прием Артрофона позволил снизить дозу НПВП до 50% через месяц лечения, а в течение трех месяцев - отменить всем больным, которые его получали, и, следовательно, улучшить функциональное состояние почек и уменьшить риск развития НПВП- гастро - и нефропатий.

Литература

1. Anthony M. Biologic and molecular mechanisms for sex differences in pharmacokinetics, pharmacodynamics, and pharmacogenetics: Part I / M. Anthony, M.J. Berg // Journ. Women's Health Gend. Based. Med. - 2002. - Vol. 11, № 7. - P. 601-615.
2. Противовоспалительное и обезболивающее действие гомеопатического препарата антител к фактору некроза опухоли-α / [А.И. Эпштейн, В.Г. Пашинский, К.Л. Зеленская и др.] // Бюлл. эксперим. биол. - 2001. - Прил. № 3. - С. 57-59.
3. Роль интерлейкина-6 в развитии синдрома потери ионов натрия с мочой в условиях введения 2,4-динитрофенола / [В.В. Белявский, Ю.Е. Роговой, М.В. Дикал и др.] // Вестник Винницкого национального медицинского университета. - 2011. - Т. 15, № 1. - С. 24-28.
4. Шуба Н.М. Патогенетическое обоснование противовоспалительной терапии ревматических заболеваний / Н.М. Шуба, В.М. Коваленко // Укр. ревматол. журн. - 2001. - Т. 5-6, № 3-4. - С. 18-22.
5. Бадокин В. Эффективность и переносимость Атрофоон при серонегативных спондилоартритах / В. Бадокин, И.В. Кудрявцева, Ю.Л. Корсакова // Материалы V Северо-Западной конференции по ревматологии. - Санкт-Петербург. - 2005. - С. 23-24.
6. Инамова А.В. Опыт применения «Артрофоон» в амбулаторной практике при различных заболеваниях опорно-двигательного аппарата / В. Инамова, Л.Д. Сулейманова // Материалы V Северо-Западной конференции по ревматологии. - Санкт-Петербург. - 2005. - С. 48-49.

*Бриль Е.А., **Смирнова Я.В.
* д.м.н, доцент,
заведующая кафедрой-клиникой стоматологии
детского возраста и ортодонтии,
E.A.B.27@mail.ru
** аспирант,
ассистент кафедры-клиники
стоматологии детского возраста и ортодонтии,
yavs.smirnova@mail.ru
Красноярский государственный медицинский университет, им. проф. В.Ф.Войно-Ясенецкого, г. Красноярск

ОПРЕДЕЛЕНИЕ В ДИНАМИКЕ СОСТОЯНИЯ ТКАНЕЙ ПОЛОСТИ РТА, В ЗАВИСИМОСТИ ОТ ВИДА И СРОКОВ АППАРАТУРНОГО ЛЕЧЕНИЯ

В процессе ортодонтического лечения зубочелюстных аномалий и деформаций отмечается развитие воспалительных заболеваний тканей пародонта и деминерализации твердых тканей зубов [1,58; 3,53]. Увеличение активности кариозного процесса в течение первых 6 месяцев лечения с использованием брекет-системы наблюдается, как на апроксимальных поверхностях всех групп зубов, так и на гладкой поверхности фронтальной группы зубов, что, по мнению ряда авторов, связано с достоверным увеличением микробной флоры[2, 88] на всех перечисленных областях, а так же на участках, расположенных по периметру зафиксированных замков ортодонтических конструкций [1,58]. При этом без учета состояния резистентности эмали риск развития деминерализации твердых тканей зубов значительно повышается. Таким образом, актуальным является изучение состояния тканей полости рта на всех этапах ортодонтического лечения у врача-ортодонта.

Цель исследования - определение состояния тканей полости рта в период ортодонтического лечения.

Материалы и методы исследования

В наблюдении участвовали три группы детей школьного возраста с зубочелюстными аномалиями и деформациями (ЗЧАД). Первую группу составили дети с ЗЧАД, находящиеся на аппаратурном лечении с использованием съемных ортодонтических аппаратов (36 детей). Во вторую группу вошли дети с ЗЧАД, находящиеся на лечении с использованием несъемных аппаратов (брекет-системы) (19 детей). Контрольная группа - дети с ЗЧАД без аппаратурного лечения (25 детей). Обследование детей проводилось по следующей схеме: изучение анамнеза, клиники (изучение стоматологического статуса по показателям интенсивности кариеса постоянных зубов, индексу гигиены по Ю.А.

Федорову-В.В. Володкиной (1971), ТЭР-тесту по В.Р.Окушко-Л.И.Косаревой (1983). Результаты исследования обрабатывали с помощью методов вариационной статистики

Результаты исследования

Обследование 80 детей до начала ортодонтического лечения, позволило выявить низкий уровень гигиены полости рта, что свидетельствовало об отсутствие стойких навыков по уходу за полостью рта у всех детей с ЗЧАД. В связи с этим, перед фиксацией ортодонтических аппаратов в течении месяца всех детей с ЗЧАД обучали стандартному методу чистки зубов, осуществляя контролируемую чистку зубов один раз в неделю с определением индекса гигиены по Ю.Федорову-В.Володкиной.

Наблюдение, в течение 4 лет, за детьми контрольной группы показало, что сформировать устойчивые навыки по соблюдению гигиены полости рта позволила следующая схема обучения детей гигиене полости рта: контролируемая чистка зубов 1 раз в неделю на протяжении 1 мес., затем 1 раз в мес. на протяжении 6 мес., в последующем 1 раз в 3 мес. на протяжении 4 лет. Так, у детей контрольной группы до обучения гигиене полости рта значение индекса гигиены составило $2,92\pm0,03$ балла, что характеризовало гигиену полости рта как плохую; через 6 мес. - $1,40\pm0,05$, что указывало на хороший уровень гигиены полости рта. Через 24 мес. гигиена полости рта ухудшилась, индекс гигиены составил $1,72\pm0,02$ балла.

В первой группе детей через 12 мес. индекс гигиены составил $2,93\pm0,04$, что указывало также на плохой уровень гигиены полости рта. У детей II группы индекс гигиены составлял $3,91\pm0,04$.

Анализ степени резистентности эмали зубов у детей с ЗЧАД показал, что при одинаковом фоновом уровне ($p>0,05$), выявленном у детей всех трех групп до фиксации аппаратов, значение ТЭР-теста достоверно увеличивалось у детей I и II групп с увеличением срока аппаратурного лечения. У обследуемых второй группы значение ТЭР-теста увеличивалось на порядок больше, чем в первой группе ($p<0,01$).

Структурно-функциональная резистентность эмали у детей контрольной группы на протяжении 4 лет наблюдения оценивалась как высокая, что указывало на выраженную устойчивость зубов к кариесу на фоне хорошего уровня гигиены полости рта. Резистентность эмали зубов у детей I группы через 4 года после фиксации аппаратов составила $5,27\pm0,38$ баллов и оценивалась как умеренная устойчивость зубов к кариесу. У детей второй группы максимальное значение ТЭР-теста было выявлено через 4 года от начала аппаратурного лечения - $7,93\pm0,42$ балла, что в 2,8 раза превышало значения ТЭР-теста детей контрольной группы, и в 1,5 раза было больше значения ТЭР-теста, выявленного у детей I группы ($p<0,001$).

Изучение в динамике состояния органов и тканей полости рта у детей, находившихся в течение 4 лет на аппаратурном лечении у врача-ортодонта, позволило выявить ряд существенных отличий состояния органов и тканей полости рта у обследуемых, в зависимости от вида и срока аппаратурного лечения. На основании полученных результатов можно сделать вывод о том, что лечение с использованием брекет-системы, сопровождается наихудшими показателями индексов гигиены и резистентности эмали зубов на всех этапах ортодонтического лечения.

Литература

1. Сатыго, Е.А. Оценка состояния твердых тканей зубов методом лазерной флюоресцентной спектроскопии у пациентов 16-18 лет на этапе подготовки к ортодонтическому лечению / Е.А. Сатыго, Е.С.Брянцева // Институт стоматологии. – 2010. - №1. – С. 58-60.
2. Скрипкина, Г.И. Инновационный подход к определению кариесогенности зубного налёта у детей в условиях клиники стоматологии детского возраста / Г.И. Скрипкина, А.Н. Питаева // Институт стоматологии. – 2010. – №1. – С.88-89.
3. Алимова Р.Г. Индивидуальная гигиена полости рта при применении современных несъемных сложных ортодонтических конструкций / Р.Г.Алимова // Стоматология. - 2007. - №3. - С. 53-54.

*Бриль Е.А., **Смирнова Я.В., ***Бриль В.И.
* д.м.н, доцент,
заведующая кафедрой-клиникой стоматологии
детского возраста и ортодонтии,
E.A.B.27@mail.ru
** аспирант,
ассистент кафедры-клиники
стоматологии детского возраста и ортодонтии,
yavs.smirnova@mail.ru
*** студент 1 курса
ИС – НОЦ ИнСтом
Красноярский государственный медицинский университет
им.проф.В.Ф.Войно-Ясенецкого

ОБОСНОВАНИЕ МЕТОДА ПРОФИЛАКТИКИ СТОМАТОЛОГИЧЕСКИХ ЗАБОЛЕВАНИЙ У ОРТОДОНТИЧЕСКИХ ПАЦИЕНТОВ

Кариес зубов является наиболее распространенным, экономически и социально актуальным вопросом в современной медицине [2,48]. Высокие затраты на лечение зубов по поводу кариеса и его осложнений с каждым годом повышают важность его профилактики.

Из многочисленных исследований известно, что в процессе ортодонтического лечения зубочелюстных аномалий и деформаций несъемными и съемными аппаратами происходит изменение минерализующей функции слюны, ухудшаются условия для проведения гигиены полости рта, увеличивается количественный состав микрофлоры [1,80], что ведет к повышенному образованию зубного налета не только на твердых тканях, но и на поверхностях самих аппаратов [3,58]. Таким образом, повышенный риск развития деминерализации твердых тканей зубов в процессе ортодонтического лечения увеличивает значимость проведения профилактических мероприятий до начала аппаратурного лечения и на всех его этапах. [1, 80]

Цель исследования:
Обоснование использования предметов и средств гигиены полости рта, как эффективного метода профилактики кариеса зубов у детей на этапах ортодонтического лечения.

Материал и методы исследования

Были сформированы две группы детей двенадцатилетнего возраста, находившихся на лечении у врача-ортодонта с использованием брекет-системы.

В первой группе детей (контрольной, 15 человек) проводили санацию полости рта, обучение стандартному методу чистки зубов с использованием зубной щетки Ortho с V-образной формой щетины для чистки брекетов и межзубной щеткой с ёршиками фирмы Oral-B. Пациентам рекомендовалось применять ежедневно вышеперечисленные предметы гигиены, с заменой на новые один раз в три месяца.

Обследуемым второй группы (15 человек) проводили санацию полости рта и комплексное назначение предметов и средств гигиены полости рта: зубную щетку Ortho с V-образной формой щетины для более качественной чистки зубов брекетов, межзубную щетку с ёршиками (Interdental set), реминерализующий гель ROCS, содержащий кальций, фосфор, магний. Применение геля осуществлялось в течение 1 месяца в виде пятнадцати минутных аппликации на эмаль 1 раз в день после чистки зубов. Повтор курса аппликаций осуществлялся каждые 3 месяца.

В течение 24 месяцев проводилось наблюдение за динамикой кариозного процесса у детей с зубочелюстными аномалиями и деформациями (ЗЧАД). Для регистрации стоматологического статуса использовались специально разработанные карты. Клиническое состоянии тканей пародонта учитывали по папиллярно-маргинально-альвеолярному индексу (РМА), в модификации Парма (I960) и комплексному периодонтальному индексу - КПИ (П.А.Леус, 1988). Для характеристики гигиены полости рта использовали индекс гигиены (ИГ) Ю.А. Федорова - В.В. Володкиной (1971).

Два раза в году проводилось определение стоматологического статуса у всех обследованных детей по показателям интенсивности кариеса постоянных зубов - КПУ(з), КПУ(п).

Результаты исследования

Через один месяц после фиксации брекет-системы гигиеническое состояние полости рта у обследуемых обеих групп оценивалось как плохое и не имело достоверных различий. В первой группе (контрольной) через 24 месяца на фоне контролируемой гигиены полости рта, показатели ИГ достоверно снижались до $2,13\pm0,02$ ($p<0,001$). У детей второй группы, в состав средств гигиены которых был включен дополнительно реминерализующий гель, значения индекса гигиены в течение года изменялись от $2,71\pm0,02$ до $1,44\pm0,05$ ($p<0,001$). Данный результат позволил оценить гигиеническое состояние полости рта как хорошее у детей второй группы.

Значение индекса РМА у детей контрольной группы, возросло в 2,89 раза, индекса КПИ в 3 раза. Показатели индексов КПИ и РМА позволили выявить через 24 месяца использования несъёмной ортодонтической конструкции наличие воспаления в тканях пародонта у детей первой группы.

На фоне комплексного использования предметов и средств гигиены полости рта (совместное применение реминерализующего геля ROCS и специальных зубных щеток Ortho с ёршиками Interdental set) у пациентов второй группы через 24 месяца отмечена положительная динамика при оценке состояния тканей пародонта. Значение индекса КПИ, РМА во второй группе снизилось в 3,4 и 5,6 раза соответственно.

У детей первой группы через 2 года от начала аппаратурного лечения прирост по индексу КПУ(з) (сумма кариозных – К, пломбированных – П, удаленных – У постоянных зубов) составил 2,74±0,18, а по индексу КПУ(п) (сумма всех поверхностей с кариесом – К, пломбами – П и удаление – У постоянных зубов) 3,19±0,17, что свидетельствует об ухудшении показатель стоматологического статуса у детей с зубочелюстными аномалиями и деформациями в процессе аппаратурного лечения.

У детей второй группы отмечалось значительное снижение прироста кариеса зубов в отличие от показателей контрольной группы (р<0,001): КПУ(з) = 1,09±0,20, КПУ(п) 1,42±0,19 (р<0,001).

Таким образом, можно сделать выводы о необходимости применения у ортодонтических пациентов специальных предметов и средств гигиены полости рта под контролем индексов гигиены полости рта, а также об эффективности дополнительного назначения реминерализующего геля ROCS по предоставленной схеме с целью повышения качества профилактики кариеса зубов у данной группы пациентов.

Литература

1. Брянцева, Е.С. Оценка динамики активности кариозного процесса у подростков 16-18 лет на этапах ортодонтического лечения зубочелюстных аномалий с использованием несъемной техники / Е.С.Брянцева, М.Г.Семенов, Е.А.Сатыго // Институт стоматологии. – 2011. – №1. – С.80-81.
2. Кузьминская, О.Ю. Современные аспекты патогенетической профилактики кариеса зубов у детей / О.Ю. Кузьминская, Л.В. Рутковская, Е.А. Малышева // Стоматология детского возраста. – 2012. - №1. – С.48-51.
3. Гунчев, В.В. Эффективность профилактических мероприятий у детей с различной исходной активностью кариозного процесса при ортодонтическом лечении съемными конструкциями / В.В.Гунчев, А.С.Козлова // Стоматология детского возраста и профилактика. – 2010. – №3. – С. 58-60.

[1]**Писаренко М.С.**, [2]**Есимова И.Е.**, [3]**Уразова О.И.**

[1]Аспирант кафедры патофизиологии ГБОУ ВПО «Сибирский государственный медицинский университет» Минздрава России, г. Томск, Россия; e-mail: marisabel4603@yandex.ru.

[2]Кандидат медицинских наук, докторант кафедры патофизиологии ГБОУ ВПО «Сибирский государственный медицинский университет» Минздрава России, г. Томск, Россия.

[3]Профессор, доктор медицинских наук, профессор кафедры патофизиологии ГБОУ ВПО «Сибирский государственный медицинский университет» Минздрава России, г. Томск, Россия.

СОДЕРЖАНИЕ АКТИВНЫХ КОМПОНЕНТОВ JAK-STAT-СИГНАЛИНГА В ЛИМФОЦИТАХ КРОВИ У БОЛЬНЫХ ИНФИЛЬТРАТИВНЫМ ТУБЕРКУЛЕЗОМ ЛЕГКИХ

Для реализации эффективного иммунного ответа на *M. tuberculosis* необходим этап трансформации наивных Т-клеток в Т-лимфоциты-хелперы типа 1 (Th1), секретирующие один из ключевых цитокинов иммунного ответа – интерферон (IFN) γ [2, 82]. Синтез IFNγ находится под контролем JAK-STAT-сигнального пути активации Т-клеток, который обеспечивает внутриклеточную передачу индуцирующего сигнала от поверхностных рецепторов к интерлейкинам (IL) 12 и 27 через активацию тирозиновых янус-киназ (JAK1, JAK2, TYK) и факторов транскрипции (T-bet, STAT 1 и 4) в ядро клетки и запускает экспрессию *IFNG*-кодирующих генов [1, 425]. Важным моментом активации T-bet является его способность регулировать экспрессию β_2-субъединицы рецептора к IL-12 на наивных Т-клетках, запуская IL-12-зависимый сигнальный каскад, приводящий к наработке основного количества IFNγ [1, 246; 2, 82; 3, 311].

Таким образом, целью настоящего исследования явилась оценка содержания активных (фосфорилированных, p-) форм ключевых компонентов JAK-STAT-сигналинга (p-JAK1, p-JAK2, p-TYK2, p-STAT1, p-STAT4 и p-T-bet) в лимфоцитах крови у больных инфильтративным туберкулезом легких в условиях моделирования *in vitro* IL-12/IL-27-стимуляции клеток.

В программу исследования вошли 49 пациентов (42 мужчины и 7 женщин) с впервые выявленным инфильтративным лекарственно-чувствительным (ЛЧ) и лекарственно-устойчивым (ЛУ) туберкулезом легких (ТЛ) в возрасте 20-55 лет, разделенных на группы в зависимости от чувствительности *M. tuberculosis* к основным противотуберкулезным препаратам. Контрольную группу составили 35 здоровых добровольцев с сопоставимыми возрастно-половыми характеристиками. Материалом для исследования служили лимфоциты венозной крови, взятой утром натощак из локтевой вены. Выделение клеток осуществляли методом центрифугирования на градиенте плотности фиколл-урографина ($\rho=1,077$ г/см^3). Разделение мононуклеаров на моноциты и лимфоциты проводили методом адгезии к пластику. Идентификацию клеток осуществляли путем окраски азур II-эозином. Жизнеспособность выделенных лимфоцитов по данным теста с трипановым синим составляла 97%. В качестве специфических индукторов лимфоцитов использовали рекомбинантные цитокины IL-12 и IL-27 (eBioscience Company, США) в дозе 20 нг/мл и 10 нг/мл соответственно. Для анализа лимфоцитов, содержащих активные формы транскрипционных факторов T-bet, STAT и янус-киназ, культивирование клеток проводили в полной питательной среде в CO_2-инкубаторе при температуре 37°C в течение 60 мин в присутствии индукторов с последующей криоконсервацией клеток.

Содержание p-T-bet оценивали методом двухцветной цитометрии на проточном цитофлуориметре FACSCalibur (Becton Dickinson, США) с использованием изотипических контролей («R&D Systems», США). Концентрацию активных форм JAK1, JAK2, Tyk2, STAT1, STAT4 в лизатах клеток исследовали методом твердофазного иммуноферментного анализа. Приготовление клеточных лизатов осуществляли с использованием лизирующего буфера (Cell Lysis Buffer) согласно протоколу производителя («Cell Signaling technology», США). Статистическую обработку полученных результатов проводили с использованием стандартных алгоритмов биометрии.

Результаты проведенных исследований приведены в таблицах 1, 2.

Таблица 1
Содержание активных форм JAK1, JAK2, Tyk2, STAT1 и STAT4 в лизатах лимфоцитов крови у больных туберкулезом легких и у здоровых доноров, Me (Q_1-Q_3)

Группы	Здоровые доноры	Инфильтративный туберкулез легких	
		ЛЧТЛ	ЛУТЛ
p-Jak1, пг/мл	20,90 (20,19-21,80)	15,22 (15,03-16,40) $p_1<0,05$	14,95 (13,71-16,42) $p_1<0,05$
p-Jak2, пг/мл	18,63 (17,55-18,96)	15,22 (15,03-16,40) $p_1<0,05$	14,95 (13,71-16,42) $p_1<0,05$
p-Tyk2, пг/мл	20,92 (18,91-23,33)	13,26 (12,80-15,00) $p_1<0,01$	12,60 (12,10-12,83) $p_1<0,001$
p-STAT1, г/мл	46,55 (31,81-55,54)	29,43 (24,78-40,53) $p_1<0,01$	20,02 (19,64-21,45) $p_1<0,001$; $p_2<0,01$
p-STAT4, г/мл	24,56 (17,93-30,01)	19,65 (13,71-22,92) $p_1<0,05$	16,75 (12,74-18,55) $p_1<0,05$

Примечание. Здесь и в таблице 2: ЛЧТЛ – лекарственно-чувствительный туберкулез легких; ЛУТЛ – лекарственно-устойчивый туберкулез легких; p_1 – уровень статистической значимости различий по сравнению с показателями у здоровых доноров; p_2 – по сравнению с показателями у больных с ЛЧТЛ.

В ходе работы у больных ТЛ было показано снижение (относительно показателей в контрольной группе) концентрации активных форм тирозиновых киназ p-Jak1, p-Jak2, p-Tyk2 и транскрипционного фактора p-STAT4 в лизатах лимфоцитов вне зависимости от чувствительности возбудителя к этиотропным препаратам. При этом снижение концентрации p-STAT1 в лимфоцитах было более выраженным при ЛУТЛ, чем у больных ЛЧТЛ (табл. 1).

Вместе с тем, у больных ТЛ после специфической IL-12/IL-27-индукции лимфоцитов *in vitro* регистрировалось снижение относительного числа $CD3^+T\text{-}bet^+$ лимфоцитов относительно показателей в группе сравнения, наиболее выраженное при ЛУТЛ. Численность $CD3^+T\text{-}bet^-$ лимфоцитов в случае ЛЧТЛ не отличалась от контрольных значений, тогда как у пациентов с ЛУТЛ отмечалось увеличение относительного количества $CD3^+T\text{-}bet^-$ клеток в ответ на IL-12/IL-27-индукцию *in vitro* (табл. 2).

Таблица 2
Количество Т-лимфоцитов, содержащих активную форму T-bet, у больных туберкулезом легких и у здоровых доноров, Me (Q_1-Q_3)

Группы обследованных лиц		$CD3^+T\text{-}bet^+$	$CD3^+T\text{-}bet^-$
Здоровые доноры		33,76 (30,45-38,32)	38,17 (34,13-41,9)
Больные инфильтративным туберкулезом легких	ЛЧТЛ	16,53 (14,37-19,69) $p_1<0,001$	38,97 (35,00-44,06)
	ЛУТЛ	13,21 (11,72-16,80) $p_1<0,001$; $p_2<0,05$	51,72 (48,20-54,94) $p_1<0,01$; $p_2<0,001$

Таким образом, полученные результаты позволяют заключить, что в Т-лимфоцитах у больных ТЛ отмечается дефицит активных форм тирозиновых киназ и транскрипционных факторов JAK/STAT-сигнального пути, что может являться причиной нарушений реализации антигенспецифического противотуберкулезного иммунного ответа на этапе активации Т-клеток.

Список литературы:
1. Кетлинский С.А., Симбирцев А.С. Цитокины. – СПб: ООО «Издательство Фолиант», 2008. – 552с.
2. Причины дисрегуляции иммунного ответа при туберкулезе легких: влияние *M. tuberculosis* на течение иммунного ответа / И.Е. Есимова, О.И. Уразова, В.В. Новицкий и др. // Бюллетень сибирской медицины. – 2012. – №3. – С. 79-86.
3. Cocco, C. Anti-leukemic properties of IL-12, IL-23 and IL-27: Differences and similarities in the control of pediatric B acute lymphoblastic leukemia/ C. Cocco, V. Pistoia, I. Airoldi // Critical Reviews in Oncology/Hematology. – 2012. – N83. – P. 310-318.

Горячева М.В.,
доцент, кандидат биологических наук,
goryachevamarina@mail.ru
Шумахер Г.И.,
профессор, доктор медицинских наук,
Костюченко Л.А.,
доцент, кандидат медицинских наук,
Белоусов А.А.,
врач клинической лабораторной диагностики,
ГБОУ ВПО Алтайский государственный медицинский университет

ЦИТОКИНЫ - ИНТЕРЛЕЙКИН -1 β И ВАСКУЛОЭНДОТЕЛИАЛЬНЫЙ ФАКТОР РОСТА В СЫВОРОТКЕ ПЕРИФЕРИЧЕСКОЙ КРОВИ У БОЛЬНЫХ С СИНДРОМАМИ ПОЯСНИЧНО-КРЕСТЦОВЫХ РАДИКУЛОПАТИЙ В СТАДИИ ОБОСТРЕНИЯ

Патогенетическими факторами, способствующими развитию и проявлению пояснично-крестцовых радикулопатий (ПКР) в стадии обострения являются иммуно-воспалительные процессы, захватывающие пораженный позвоночно-двигательный сегмент и сопряженные сегменты, так и процессы в периферическом сосудистом русле, обусловленные локальными ишемическими явлениями вертеброгенного происхождения [1,20; 2, 77]. Но биохимические и иммуно-химические изменения в периферическом сосудистом русле, сопровождающие обострения ПРК, и отличающие их от других синдромов поясничного остеохондроза (ПОХ), в настоящее время мало изучены.

Цель настоящего исследования изучить содержание интерлейкина -1 бета (IL – 1 β) и васкулоэндотелиального фактора роста (VEGF-A) в сыворотке периферической крови у больных с неврологическими синдромами поясничного остеохондроза в стадии обострения.

Исследование проведено на базе неврологического отделения Отделенческой клинической больницы станции г. Барнаул. Для проведения исследования было получено разрешение локального этического комитета. Обследовано 300 человек - больные с различными неврологическими синдромами ПОХ: мужчины (64 %) и женщины (36 %), в возрасте от 20 до 54 лет (средний возраст – 41,1 $\pm$ 9, 7 года). Всем больным проводили стандартное неврологическое и вертеброневрологическое обследование по методикам Я.Ю. Попелянского и Ф.А. Хабирова [3; 4]. Из дополнительных методов обследования применяли: классическую рентгенографию пояснично-крестцового отдела позвоночника, КТ/ МРТ поясничного отдела позвоночника.

В соответствии с целью исследования больные с неврологическими синдромами поясничного остеохондроза (ПОХ) были разделены на 3 сопоставимые по возрасту, полу и однородности клинической симптоматики группы. Первую группу составили 150 больных (50 %) с пояснично-крестцовыми радикулопатиями (ПКР). Среди них компрессия корешка L 4 определялась у 5 больных (3 %), L 5 - у 26 больных (17 %), S 1 – у 51 больного (35 %), бирадикулярный синдром (L 5, S 1) выявлялся у 67 больных (45 %). Вторую группу - 75 больных (25 %) с синдромом люмбалгии, третью группу - 75 (25 %) с синдромом люмбоишиалгии.

Контролем служили показатели 52 человек (четвертая группа) без неврологических проявлений ПОХ, сопоставимых по возрасту и полу с основными группами.

Маркером воспалительного процесса был выбран IL-1 β. Его определяли твердофазным иммуноферментным методом (ИФА), с использованием стандартных наборов реактивов (фирма «BenderMedSystem224/2», Австрия) в соответствии с инструкцией. Калибровочная кривая, построенная по стандартам с IL-1 β, во всем интервале исследуемых значений имела линейный характер.

Состояние эндотелия оценивали по концентрации в сыворотке периферической крови васкулоэндотелиального фактора роста, запускающего его репаративные процессы. VEGF-A определяли твердофазным иммуноферментным методом, с использованием стандартных наборов реактивов (фирма «BenderMedSystem277/2», Австрия). Калибровочная кривая, построенная по лиофилизированным стандартам с VEGF-A, во всем интервале исследуемых значений, имела линейный характер.

Статистическую обработку полученных данных проводили с применением непараметрических методов анализа (после проверки распределения установленных величин на нормальность). Различия средних величин количественных параметров между группами больных определяли по U – критерию Манна - Уитни. Критерием статистической достоверности получаемых результатов мы считали общепринятую в медицине величину: $p < 0{,}05$. Статистический анализ проводили с применением пакета программ Statistica, версии 6,1

Как установлено в исследовании, только у больных с синдромом ПКР в стадии обострения методом ИФА выявлено увеличение содержания в сыворотке периферической крови интерлейкина -1 β до 5,58 + 0,63 пг/мл, достоверное по сравнению с контрольной группой здоровых лиц - 0,38 + 0, 11пг/мл, ($p < 0{,}05$). При синдроме люмбалгии значимого увеличение содержания интерлейкина -1 β у больных в стадии обострения выявлено не было. При синдроме люмбоишиалгии у больных отмечалась тенденция к увеличению содержания интерлейкина-1 β до 1,44 + 0, 83 пг/л в сыворотке периферической крови, недостоверная статистически ($p > 0{,}05$). Комплексная терапия обострений ПКР, с включением в группу сосудистых препаратов венотоника диосмин, способствовала нормализации уровня IL - 1 β до значений, сравнимых с концентрацией IL-1 β в контрольной группе здоровых лиц.

Определение васкулоэндотелиального фактора роста (VEGF – А) у больных с неврологическими синдромами поясничного остеохондроза в стадии обострения, до и после курсового лечения, выявило наиболее высокую концентрацию VEGF – А после проведенного курса лечения в группе больных с ПКР (1897 + 348 пг/мл). Различия концентрации VEGF – А в сыворотке периферической крови у больных неврологическими синдромами поясничного остеохондроза в стадии обострения до лечения были выражены незначительно.

Таким образом, дисциркуляторные явления в зоне пораженных позвоночно-двигательных сегментов у больных с пояснично-крестцовыми радикулопатиями в стадии обострения сопровождаются проявлениями воспалительных реакций не только местного, но и системного характера, проявляющиеся как достоверное увеличение в сыворотке периферической крови интерлейкина — 1 β. В тоже время в ранний восстановительный период, после проведенного курса комплексного стационарного лечения с применением препаратов группы венотоников, было выявлено увеличение концентрации васкулоэндотелиального фактора роста роста, максимально выраженное в группе больных с пояснично-крестцовыми радикулопатиями.

ЛИТЕРАТУРА:

1. Беляков В.В., Ситтель А.П., Шарапов, И.Н., Елисеев Н.П., Гуров З.Р. Новый взгляд на формирование рефлекторных и компрессионных синдромов остеохондроза позвоночника/ Беляков В.В. //Мануальная терапия. - 2002. №3 (7) — С. 20 — 25.

2. Новосельцев, С.В. Патогенетические механизмы формирования поясничных спондилогенных неврологических синдромов у пациентов с грыжами поясничных дисков / Новосельцев, С.В. // Мануальная терапия. - 2010. № 3(39) — С. 77 – 82.

3. Попелянский, Я.Ю. Ортопедическая неврология (вертеброневрология): руководство для врачей / Я.Ю. Попелянский – М.: МЕДпресс-информ, 2003. - 670 с.

4. Хабиров, Ф.А. Клиническая неврология позвоночника /Ф.А. Хабиров. - Казань, 2001. - 472 с.

Емельянчик Е.Ю. - д.м.н., профессор кафедры педиатрии ИПО ГБОУ ВПО «Красноярский государственный медицинский университет имени профессора В.Ф. Войно-Ясенецкого» РФ

Салмина А.Б. - д.м.н., профессор, зав. кафедрой биологической химии с курсом медицинской, фармацевтической и токсикологической химии ГБОУ ВПО «Красноярский государственный медицинский университет имени профессора В.Ф. Войно-Ясенецкого

Вольф Н.Г. - детский кардиолог консультативной поликлиники КГБУЗ «Красноярская краевая клиническая детская больница»

КЛИНИКО-ФУНКЦИОНАЛЬНАЯ ХАРАКТЕРИСТИКА И НЕКОТОРЫЕ МАРКЕРЫ ЭНДОТЕЛИАЛЬНОЙ ДИСФУНКЦИИ У ДЕТЕЙ С ВТОРИЧНОЙ ЛЕГОЧНОЙ АРТЕРИАЛЬНОЙ ГИПЕРТЕНЗИЕЙ

Актуальность темы

Вторичная легочная артериальная гипертензия на фоне некоррегируемых и частично-корригируемых врожденных пороков сердца в 3-5 раз ограничивает продолжительность жизни детей и ухудшает ее качество [1,2]. Сопоставление клинико-функциональных симптомов вторичной легочной артериальной гипертензии (ЛАГ) и маркеров дисфункции эндотелия сосудистой стенки позволит выявить параметры, более динамично оценивающие прогрессирование болезни, и проводить своевременную коррекцию терапии у детей при данной патологии.

Цель и задачи исследования

Сопоставить клинико-функциональные критерии ЛАГ с выраженностью блеббинга биомембран лимфоцитов периферической крови у детей на фоне врожденных пороков сердца. Определить диагностическую ценность маркера эндотелиальной дисфункции для оценки прогрессирования поражения сосудистой стенки при данной патологии.

Материалы и методы

В исследование было включено 50 детей, из них 1 группа – 20 детей с I и II функциональным классом ЛАГ (медиана и квартили распределения возраста - 13 лет [9,4; 15]; 2 группа – 17 детей с III–IV функциональным классом болезни (Me, P_{25}-P_{75} возраста 12,6 [9,5; 16,3]); группа сравнения – 13 здоровых детей (Me, P_{25}-P_{75} возраста 12 [9,3; 16]). Дети основных групп наблюдаются с врожденными пороками сердца, формирующими изменения сосудов малого круга кровообращения (ДОМС от правого желудочка, общий артериальный ствол, АВ-коммуникация, ТМС и др.).

Проведена оценка уровня оксигенации крови с помощью транскутанной пульсоксиметрии, газового состава крови, физической работоспособности – по тесту 6-минутной ходьбы (Т6МХ). Изучена гемодинамика малого круга кровообращения и эхокардиографические параметры правых отделов сердца, морфологические изменения лимфоцитов периферической крови (явление блеббинга биомембран), состояние атромбогенной функции крови по показателям протромбинового индекса (ПТ), активированного протромбинового времени (АЧТВ), растворимых фибрин-мономерных комплексов (РФМК). В отсутствие нормальности распределения переменных статистические данные представлены в виде медианы, 25-го и 75-го перцентилей. Достоверность различий показателей определялась методом Краскала-Уоллиса и Манна-Уитни, при p<0,05 различия считались статистически значимыми.

Результаты

Анализ клинических проявлений ЛАГ установил, что у детей 1 группы симптомы ограничивались одышкой при физической нагрузке и преходящей пастозностью стоп. Вторая группа включила тяжелых больных с классическими симптомами [3]: диффузным цианозом кожи и слизистых (или акроцианозом), ортопноэ, одышкой при обычных нагрузках или в покое, болями за грудиной, изменением концевых фаланг пальцев, отеками на ногах. Анализ результатов Т6МХ установил, что у детей с умеренной ЛАГ в 1,5, при выраженной ЛАГ - в 2,1 раза уменьшено пройденное расстояние, и, следовательно, нарушена толерантность к нагрузке в сравнении со здоровыми сверстниками (p<0,05, p<0,01). Проведение теста у детей 2 группы сопровождалось усугублением гипоксемии, одышки, две трети останавливались и отдыхали в положении «сидя на корточках».

Степень выраженности артериальной гипоксемии была максимальной у больных 2 группы: сатурация кислорода у всех была значительно снижена - Ме 63,3% [61,5;69,6] (p<0,001), PO_2 в капиллярной крови было вдвое ниже, чем у здоровых детей и в 1,55 раз меньше, чем у больных с умеренной ЛАГ (p<0,001, p<0,01). Соответственно, уровень гемоглобина периферической крови при тяжелой ЛАГ достиг Ме 168 г/л [160;188]. У больных 1 группы показатели были субнормальными, значимо изменялся только уровень PO_2, характеризуя артериальную гипоксемию.

Ремоделирование сосудов малого круга на фоне ЛАГ приводит к изменениям со стороны правых отделов сердца [4]. Оценка размеров правых камер установила значимое увеличение полостей предсердий и желудочков при высокой ЛАГ – Ме объема ПП -48 мл [41;53], Ме КДО ПЖ – 95 [88;97] против Ме 25 мл и 39 мл соответственно у здоровых сверстников (p<0,001, p<0,001). Систоло-диастолическая функция ПЖ у детей 2 группы была значимо нарушена – конечный систолический объем ПЖ в 2 раза превысил уровень здоровых, соотношение раннего транстрикуспидального кровотока к предсердному наполнению было грубо укорочено (Ме Е/А -0,7[0,56;0,9] против Ме Е/А -1,7[1,5;1,8] в группе сравнения, p<0,001), что характерно для самого неблагоприятного – рестриктивного типа нарушения диастолического наполнения ПЖ. У детей 1 группы значительных отклонений размеров правых полостей установлено не было.

Изучение бленббинга лимфоцитов периферической крови выявило у детей 1 группы значимое увеличение числа клеток в фазе начального блеббинга - в 1,5 раза, и в состоянии терминального блеббинга - в 5 раз по сравнению с группой сравнения. То есть, несмотря на отсутствие клинических симптомов ЛАГ и грубых нарушений гемодинамики, у детей с умеренной ЛАГ выявлена активация лимфоцитов, оказывающая негативное влияние на состояние эндотелия. У детей 2 группы отмечена максимальная выраженность терминального блеббинга, в 7 раз превышающая уровень здоровых детей, и определяющая развитие дисфункции эндотелия. Оценка коагулографии в 1 группе выявила признаки активации свертывающей системы (Ме АПТВ - 32,6сек. [31,2;33], p<0,05). У больных 2 группы отмечено снижение показателя Ме АПТВ до 23,2 [22;24,3] и увеличение Ме РФМК до 6,5 [5,8;6,9], характеризующее повышенный риск развития тромбозов (p<0,05, p<0,001) [5].

Оценка диагностической значимости терминального блеббинга установила высокие чувствительность и специфичность у детей с вторичной ЛАГ, независимо от функционального класса: IФК – 0,83, 0,61 и IIФК – 0,87, 0,81 соответственно. Для данных параметров установлены высокие позитивная и негативная прогностические оценки. То есть, показатели блеббинга обладают приемлемой диагностической эффективностью для определения прогрессирования поражения сосудистой стенки при легочной артериальной гипертензии.

Выводы

У детей с III-IV ФК ЛАГ на фоне некорректабельных ВПС отмечаются выраженные клинические проявления, увеличение правых отделов сердца с нарушением систоло-диастолической функции по рестриктивному типу, значительное увеличение числа блеббингующих лимфоцитов периферической крови и нарушение атромбогенной функции эндотелия. Умеренная ЛАГ у детей сопровождается клинической компенсацией, отсутствием нарушений правых камер сердца, при этом установлено значимое увеличение числа блеббингующих клеток.
Учитывая полученные данные, целесообразно использовать мониторинг блеббинга мембран лимфоцитов периферической крови для оценки прогрессирования поражения сосудистой стенки и коррекции базисной терапии у детей с легочной артериальной гипертензией.

Литература

1. Mereles D., Ehlken N., Kreuscher S. et al. Exercise and respiratory training improve exercise capacity and quality of life in patients with severe chronic pulmonary hypertension // Circulation. 2006; 114: 1482-1489.
2. Gale N., Hoeper M., Humbert M. Guidelines for the diagnosis and treatment of pulmonary hypertension // Eur Heart J. 2009; 30(20): 2493-2537.
3. Simonneau G., Robbins I., Beghetti M. Update clinical classification of pulmonary hypertension // I Am Coll Cardiol. 2009; 54:S43-S54.
4. Диагностика и лечение легочной гипертензии: Российские рекомендации. – М., 2007. – 32 с.
5. Herve P., Humbert M., Sitbon O. et al. Pathobiology of pulmonary hypertension: the role of platelets and thrombosis // Clin Chest Med. 2001; 22: 451-458.

Аброськина М.В., Прокопенко С.В., Живаев В.П.
ассистент кафедры нервных болезней с курсом медицинской реабилитации ПО ГБОУ ВПО КрасГМУ им. проф. В.Ф. Войно-Ясенецкого Минздрава России
mabroskina@yandex.ru

ИССЛЕДОВАНИЕ ФУНКЦИИ ХОДЬБЫ У КЛИНИЧЕСКИ ЗДОРОВЫХ ЛИЦ СРЕДНЕГО ВОЗРАСТА МЕТОДОМ ТРЕХМЕРНОГО ВИДЕОАНАЛИЗА ДВИЖЕНИЙ

Изучение механизмов координации и управления целенаправленным движением является актуальным направлением современных нейрофизиологических исследований [5, 144; 6, 506]. Объективная оценка состояния функции ходьбы необходима для диагностики, составления индивидуальной программы комплексного восстановительного лечения и динамического наблюдения за пациентами.

В клинической практике исследование функции ходьбы проводится, преимущественно, с применением функциональных шкал, тестов или метода мотоскопии [1, 37]. К объективным методикам изучения ходьбы относятся акселерометрия, подометрия, гониометрия и импрегнационный метод. Недостатками данных методов является трудоемкость, субъективность и ограничения в оценке кинематических параметров ходьбы [2, 556; 4, 1].

Трехмерный видеоанализ движений (ВАД) является современным высокотехнологичным методом объективной оценки параметров ходьбы. Преимуществами данного метода является его высокая информативность, возможность получения кинетических, кинематических и динамических данных ходьбы обследуемого. В работах зарубежных авторов приводятся нормативные темпо-ритмовые и кинематические показатели ходьбы у лиц молодого и среднего возраста, рассматриваются алгоритмы оценки функции ходьбы с использованием различных моделей ВАД [3, 494; 7, 204].

Изучение ходьбы при патологии нервной системы основывается на знании качественных и количественных характеристик движения в норме.

Целью нашего исследования являлось выявить особенности темпо-ритмовых и кинематических параметров ходьбы у клинически здоровых лиц среднего возраста методом трехмерного видеоанализа движений.

Материалы и методы: в исследование вошло 65 человек, первая группа включала 55 клинически здоровых лиц молодого возраста (27 мужчин, 28 женщин), вторая группа включала 10 клинически здоровых лиц среднего возраста (5 мужчин и 5 женщин). Всем обследуемым проводилось: физикальный осмотр с элементами антропометрии, неврологический осмотр, оценка состояния равновесия с использованием шкалы Berg Balance Scale, оценка функции ходьбы с использованием шкалы Dynamic Gait Index, объективная оценка параметров ходьбы с применением комплекса трехмерного видеоанализа движений. Видеоанализ ходьбы осуществлялся с использованием программно-аппаратного комплекса фирмы "VICON motion capture systems". Комплекс состоит из 12 инфракрасных видеокамер (типа Т20), трех силовых платформ, коммутатора "GigaNet" и компьютера с установленным программным обеспечением (программа для обеспечения видеозахвата и обработки полученных данных "Nexus" версии 1.7.15, программа для создания отчетов "Polygon" версии 3.5.1). Обследуемому предлагалось пройти по трем силовым платформам в комфортном темпе и босиком, во время ходьбы камеры захватывали расположение световозвращающих маркеров, расположенных на теле испытуемого, а платформы фиксировали реакцию опоры. Полученные данные передавались в компьютер, где посредством программного обеспечения создавалась индивидуальная карта параметров ходьбы. Статистическая обработка полученных результатов проводилась с применением лицензионной программы IBM SPSS Statistics 19.0., значимость различий между независимыми группами данных оценивали с использованием непараметрического критерия Манна – Уитни. Уровень статистической значимости был принят: $p=0,05$.

Результаты: методом трехмерного видеоанализа движений были определены темпо-ритмовые показатели ходьбы в первой и второй группах исследования (таблица 1).

Таблица 1 – Темпо-ритмовые показатели ходьбы у клинически здоровых лиц молодого и среднего возрастов.

Показатели ВАД	Клинически здоровые лица молодого возраста, n=55 (Me [P_{25};P_{75}])	Клинически здоровые лица среднего возраста, n=10 (Me [P_{25};P_{75}])	p*
Темп ходьбы (шаг/мин)	116,25 [111,05: 121,87]	116,00 [113,00: 118,00]	p=0,561
Время двойного шага (с)	1,03 [0,98: 1,08]	1,04 [1,02: 1,07]	p=0,507
Момент отрыва противоположной ноги в % от продолжительности двойного шага (%)	9,78 [9,1: 10,62]	11,50 [10,60: 12,20]	**p<0,05**
Момент контакта противоположной ноги в % от продолжительности двойного шага (%)	49,96 [49,87: 50,12]	50,00 [50,00: 50,10]	p=0,127
Время шага контактной	0,52 [0,49: 0,54]	0,52 [0,51: 0,53]	p=0,703

ноги(с)			
Время опоры контактной ноги (с)	0,42 [0,40:0,43]	0,41 [0,39: 0,42]	p=0,124
Время двойной опоры (с)	0,20 [0,18: 0,24]	0,23 [0,22: 0,25]	**p<0,05**
Момент отрыва контактной ноги в % от продолжительности двойного шага (%)	59,84 [59,19: 60,75]	61,80 [60,60: 62,30]	**p<0,05**
Длина двойного шага (м)	1,42 [1,34: 1,50]	1,36 [1,30: 1,37]	**p<0,05**
Длина шага контактной ноги (м)	0,71 [0,67: 0,75]	0,68 [0,65: 0,68]	**p<0,05**
Скорость ходьбы (м/с)	1,35 [1,28:1,46]	1,29 [1,20: 1,35]	**p<0,05**

Примечание * - критерий Манна-Уитни.

Представленные данные указывают, что ходьба клинически здоровых лиц среднего возраста статистически значимо отличается от ходьбы клинически здоровых лиц молодого возраста по следующим параметрам: времени двойной опоры, длине двойного шага, длине шага, скорости ходьбы, моментам отрыва контактной и противоположной ног от пола. Обращает внимание, что показатели длины двойного шага, длины шага, скорости ходьбы снижены, а показатель времени двойной опоры увеличен, также отмечается более поздний отрыв стопы от поверхности пола, в сравнении с лицами молодого возраста. Выявленные особенности являются характерными возрастными признаками некоторого снижения темпа и устойчивости при ходьбе.

В результате исследования также были выявлены статистически значимые различия (p<0.05) кинематических параметров движения сегментов нижних конечностей при ходьбе у лиц молодого и среднего возрастов. Характерной особенностью ходьбы у лиц среднего возраста является увеличение кинематических показателей, отражающих динамику сгибания/разгибания сегментов нижних конечностей в момент отрыва противоположной ноги от поверхности и в конце фазы переноса контактной ноги. Выявленные особенности указывают на риск снижения устойчивости при ходьбе и наличие защитных адаптивных механизмов в виде уменьшения скорости ходьбы, увеличения фаз опоры, наличие клинически незначимого «приседания».

Выводы: выявлены темпо-ритмовые и кинематические особенности ходьбы у лиц среднего возраста в норме. Комплекс видеоанализа движений обладает диагностическими, экспертными и прогностическими возможностями, применение данного метода обследования позволяет изучать интегративные механизмы моторного контроля в норме и при патологии нервной системы.

Список литературы:

1. Ондар В.С., Ляпин А.В., Прокопенко С.В., Аброськина М.В., Живаев В.П., Прокопенко В.С. Диагностика асимметрии шага при синдроме центрального гемипареза с использованием индукционного анализатора параметров ходьбы // Сибирское медицинское обозрение. - 2010. - Т. 63. - № 3.- С.37-40.
2. Accelerometers in rehabilitation medicine for older adults / K. M. Culhane, M. O'Connor, D. Lyons et al. // Age Ageing. – 2005. – V. 34. – P. 556–560.
3. Changes in the coordination of hip and pelvis kinematics with mode of locomotion/ J. R. Franz, K. W. Paylo, J. Dicharry et al. // Gait & Posture. – 2009. – V.29. – P.494-498.
4. Kavanagh, J. J. Accelerometry: a technique for quantifying movement patterns during walking / J. J. Kavanagh, H. B. Menz // Gait & Posture. – 2008. – V.28. – P.1–15.
5. Kinsella, S. Gait pattern categorization of stroke participants with equinus deformity of the foot / S. Kinsella, K. Moran // Gait & Posture. – 2008. – V. 27. - P. 144–151.
6. Repeatability and variation of quantitative gait data in subgroups of patients with stroke / O. Oken, G. Yavuzer, S. Ergocen et al. // Gait & Posture. – 2008. – V. 27. - P. 506–511.
7. Statistical tools for clinical gait analysis/ A. Duhamela, J.L. Bourriez, P. Devosa et al. // Gait & Posture. – 2004. – V.20. – P.204-212.

Парфилова Н.С.
аспирант, ФГБОУ ВПО «Челябинский государственный педагогический университет»
Левина С.Г.
профессор, д.б.н., ФГБОУ ВПО «Челябинский государственный педагогический университет»
Сутягин А.А.
к.х.н, ФГБОУ ВПО «Челябинский государственный педагогический университет»

ТЯЖЕЛЫЕ МЕТАЛЛЫ В ЭЛЮВИАЛЬНЫХ ПОЧВАХ ВОДОСБОРА ОЗЕРА ШАБЛИШ (ТЕРРИТОРИЯ ВОСТОЧНО-УРАЛЬСКОГО РАДИОАКТИВНОГО СЛЕДА)

Экологические проблемы сделали актуальными фундаментальные исследования природных и антропогенных факторов, определяющих содержание и распределение широкого перечня химических элементов в почвах[1, 3].

Почва – это особое природное образование, обладающее рядом свойств, присущих живой и неживой природе, которыми она отличается от материнской породы[2, 106].

Поступающие в почву тяжелые металлы способны передаваться по геохимическим и пищевым цепям в сопредельные среды и могут привести к загрязнению поверхностных и почвенно-грунтовых вод и поступлению в живые организмы. Основные почвенные компоненты – органическое вещество, железистые и глинистые минералы – во многом определяют способность почвы к прочному закреплению металлов и к снижению их миграционной способности и биологической доступности[3, 1388].

Озеро Шаблиш расположено в Каслинском районе Челябинской области в переходной зоне пенеплена и Западно - Сибирской равнинной страны. Водоем отнесен к дальней зоне ВУРСа (80 км от эпицентра аварии), отселения населенных пунктов с территории водосбора не производилось. На побережье расположен поселок Шаблиш, и озеро активно используется в хозяйственных целях в качестве объекта рыборазведения.

Почвенный разрез заложен в 700 м от берега и вскрыл серую лесную почву с элементами оподзоливания. Водные и солевые вытяжки почвенных образцов характеризуются нейтральным и кислым характером среды. Величины окислительно-восстановительного потенциала лежат в интервале 392-482 мВ. Содержание Ca^{2+} и Mg^{2+} в почвенном разрезе уменьшается в глубь почвенного.

Максимум содержания органического вещества в разрезе S el наблюдается под подстилкой в слое 5-7 см (8,19%) и уменьшается к слою 9-11 см. Далее в глубь почвенного разреза происходит немонотонное уменьшение содержания органического вещества. Для исследованных почв характерен фульватно - гуматный тип с резким преобладанием фракции фульвокислот.

Распределение тяжелых металлов по поверхности почвы определяется многими факторами. Оно зависит от особенностей источников загрязнения, метеорологических особенностей региона, геохимических факторов ландшафтной обстановки в целом[2, 106].

Характер загрязнения почв тяжелыми металлами оценивался сравнением результатов исследования как с предельно допустимыми концентрациями (ПДК), так и ориентировочно допустимыми концентрациями (ОДК).

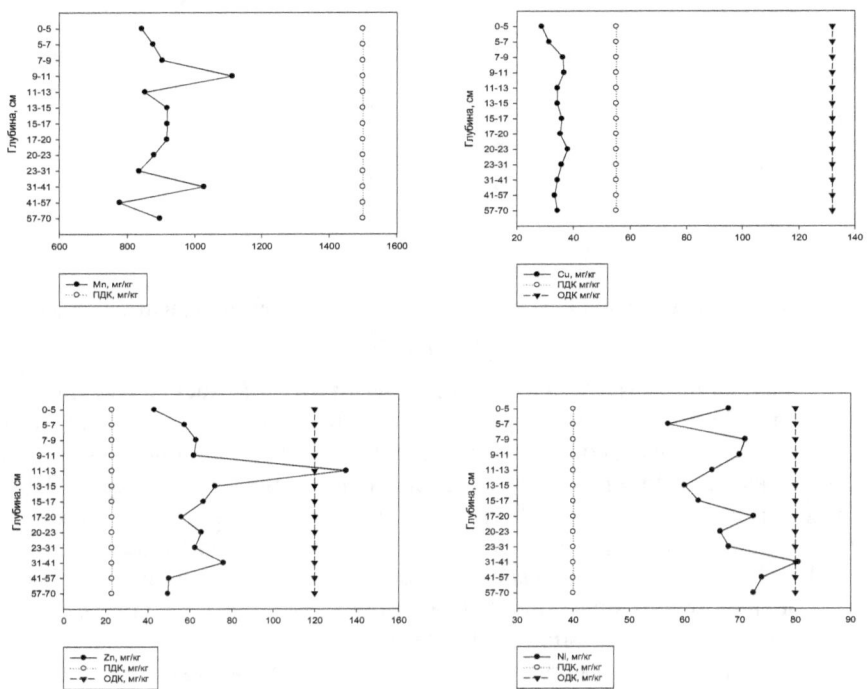

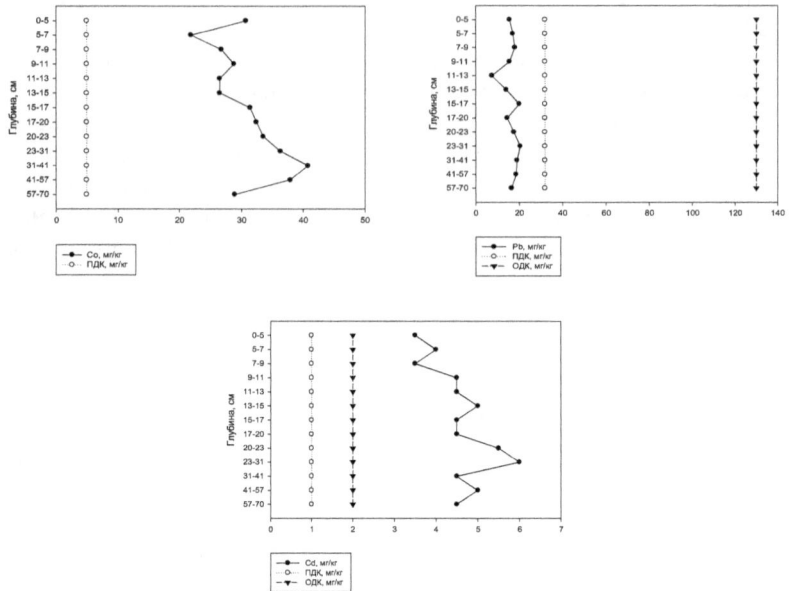

Рис. 1. Распределение тяжелых металлов в почвах водосборной территории озера Шаблиш (S el)

В почвенном разрезе наблюдается немонотонное распределение Mn и Cu. Данные значения не превышают ПДК. Для почв элювиальных позиций отмечено высокое содержание кадмия (в 1,5-3 раза выше ОДК), а также цинка (на глубине 11-13 см содержание элемента превышает ПДК, но находится в пределах ОДК). Значения концентраций Pb лежат в пределах ПДК. График распределения имеет немонотонный характер.

Таким образом, содержание тяжелых металлов в исследуемых почвах не превышают значений ПДК и они не относятся к токсичным.

Библиографический список:
1. Сысо А.И. Закономерности распределения химических элементов в почвообразующих породах и почвах Западной Сибири/ А.И. Сысо; отв. ред. И.М. Гаджиев; Рос. акад. наук, Сиб. отд-ние, Ин-т почвоведения и агрохимии.- Новосибирск: Изд-во Со РАН, 2007.- 227 с.
2. Соколова О.Я., Стряпков А.В., Антимонов С.В., Соловых С.Ю. Тяжелые металлы в системе элемент-почва-зерновые культуры/ Вестник ОГУ № 4, 2006, с 106-110
3. Карпухин М.М., Ладонин Д.В. Влияние компонентов почвы на поглощение тяжелых металлов в условиях техногенного загрязнения/ Почвоведение, 2008, № 11. С. 1388-1398

Буров К.С.
кандидат педагогических наук, доцент
Южно-Уральский государственный университет (национальный исследовательский университет)

ОБОСНОВАНИЕ ПРОБЛЕМЫ ВЗАИМОДЕЙСТВИЯ СУБЪЕКТОВ ОБРАЗОВАНИЯ В ПОДГОТОВКЕ УЧАЩИХСЯ К ВЫБОРУ НАПРАВЛЕНИЯ ПРОФЕССИОНАЛЬНОГО ОБРАЗОВАНИЯ

Многие педагогические проблемы, с которыми сталкиваются образовательные организации в образовательной системе Российской Федерации, являются не только многоаспектными, но и комплексными, требующими постановки общих целей и задач, сотрудничества организаций разного уровня.

Такой проблемой является проблема взаимодействия субъектов образования в подготовке учащихся к выбору направления профессионального образования. В рамках образовательной системы усилия образовательных организаций разобщены, каждая организация предлагает свои услуги, не координируя действия с другими. Можно выделить противоречие между существующей системой подготовки к выбору профессии, не учитывающей возможности взаимодействия образовательных организаций и фактами некорректного выбора профессии учащимися.

Под взаимодействием в социальном плане понимают процесс непосредственного или опосредованного воздействия объектов (субъектов) друг на друга, порождающий их взаимную обусловленность и связь [7].

В функциональном аспекте, взаимодействие выступает как интегрированный фактор, способствующий образованию структур. Так, в ходе взаимодействия между частями вновь созданной группы появляются признаки, характеризующие эту группу как взаимосвязанную устойчивую структуру определенного уровня. Особенность взаимодействия – его причинная обусловленность. Каждая из взаимодействующих сторон выступает как причина другой и как следствие одновременного обратного влияния противоположной стороны, что обусловливает развитие объектов и их структур. Если при взаимодействии обнаруживается противоречие, то оно выступает источником самодвижения и саморегуляции структур.

Взаимодействие как материальный процесс сопровождается передачей материи, движения и информации: оно относительно, осуществляется с конечной скоростью и в определенном пространстве времени. Но эти ограничения действуют лишь для непосредственного взаимодействия; для опосредованных форм взаимодействия пространственно-временные ограничения многократно ослабляются. В социальном взаимодействии поведение одного субъекта выступает стимулом для поведения другого субъекта и наоборот.

Виды взаимодействия в системе образования можно классифицировать: по уровням (управленческое, профессионально-педагогическое, учебно-педагогическое); по способу осуществления связей (субъект-субъектные, субъект-объектные, групповые); по типу продуктивности (партнерство, сотрудничество, кооперация, конкуренция, соперничество). Употребляя термин «взаимодействие», мы подразумеваем, что сотрудничество партнеров является более продуктивным видом взаимодействия, чем соперничество.

Таким образом, взаимодействие субъектов образования, на наш взгляд – это явление, которое характеризует социальные связи, проявляющиеся в сотрудничестве между субъектами образования, опирающимся на единство целей в решении актуальных проблем, внутренние и интегрированные ресурсы этих субъектов, сопровождающееся передачей информации, возникновением и развитием взаимосвязанных устойчивых структур и систем.

Признаками такого взаимодействия следует считать: наличие отношений между субъектами, причинная обусловленность, направленность на решение актуальных проблем, единство целей и задач, опора на внутренние и возникающие интегрированные ресурсы этих субъектов, информационный характер воздействий, направленность на образование и развитие новых взаимосвязанных устойчивых структур и систем.

В аспекте решения проблемы взаимодействия образовательных организаций в подготовке учащихся к выбору направления профессионального образования данные признаки взаимодействия соблюдены. Субъекты данной деятельности чаще всего взаимодействуют в рамках образовательной системы Российской Федерации, т.е. в рамках систематизированного образовательного пространства.

В ходе данной деятельности возникает необходимость в создании и функционировании общественно-государственных координационных органов (советов, команд) координирующих и контролирующих данную деятельность. В ходе взаимодействия происходит развитие личностных ресурсов ее субъектов, а также развитие свойств системы в целом, данные свойства и следует считать критериями результативности взаимодействия в целом.

Наиболее очевидным и результативным нам кажется организация содействия профессиональному самоопределению на основе взаимодействия образовательных организаций, выполняющих роль координационных центров; имеющих соответствующую инфраструктуру, ресурсы; практически осуществляющих принцип «образование через всю жизнь». Такими организациями в образовательной системе Российской

Федерации являются образовательные учреждения разных уровней: университеты, школы. Университет как научный центр может выступать ведущим субъектом взаимодействия, осуществляя научно-обоснованную поддержку, а школы – как базовые площадки, осуществляющие непосредственное сопровождение конечного потребителя процесса (самоопределяющейся личности). Межорганизационное взаимодействие организуется по сетевой модели. Особенностью такого взаимодействия будет: выделение общих задач для университета и школ, интеграция их ресурсов в содержании, формах и методах работы, использование опосредованного взаимодействия на основе компьютерных технологий.

Целью такого взаимодействия является оказание содействия выбору учащимися направления профессионального образования; основанием – государственный заказ со стороны органов управления образованием, учреждений высшего профессионального образования, со стороны бизнеса, администрации школ, социальный заказ со стороны учащихся, родителей.

Наличие общих интересов в решении собственных задач позволяет говорить об общих целях и задачах взаимодействия: например, учащийся заинтересован в выборе направления образования, удовлетворяющем личностные потребности; школа заинтересована в том, чтобы как можно больше учащихся к концу обучения определились с выбором направления профессионального обучения (как показатель качества деятельности образовательного учреждения); вуз заинтересован в повышении уровня образованности абитуриентов; региональное управление образованием заинтересовано в сохранении привлекательности образовательной системы для учащихся своего и других регионов и т.д. Таких общих целевых ориентиров достаточно много. Таким образом, налицо заинтересованность в объединении целевых ориентиров субъектов образования с точки зрения интеграции их ресурсов.

Хрипунова Т.С.
аспирант Казанского (Приволжского) Федерального Университета,
кафедра Изобразительного искусства и Дизайна
lstanvill@bk.ru

ИЛЛЮСТРАЦИИ К НАРОДНЫМ СКАЗКАМ КАК СПОСОБ НРАВСТВЕННОГО ВОСПИТАНИЯ МЛАДШИХ ШКОЛЬНИКОВ

Сказки разных народов имеют большое педагогическое воздействие – это средство нравственно-эстетического воспитания подрастающего поколения. Народ, бережно храня и дополняя, передавал своим потомкам свои традиции и порядки. Ведь в сказках чувствуется сущность народа, его обычаи и нравы. [1, 58]

Духовное возрождение нации невозможно без постановки и решения ряда новых задач в области нравственно-эстетического воспитания подрастающего поколения. Этот процесс сложен и многогранен и во многом зависит как от семьи, различных социальных учреждений, так и от качества нравственно-эстетического воспитания в общеобразовательной школе. В этой связи возникает необходимость поиска наиболее эффективных методов и средств воспитания.

Рассуждать о важности сказок и о том, как необходимо их присутствие в любой библиотеке не нужно – они с детства наполняют нашу жизнь чудесными моментами, раскрывают воображение и потенциал ребенка, помогают образно мыслить и учат правильно принимать решения. Очень важны сказки в детском возрасте. Сказки хранят исторические события вековой давности, уходят корнями в народную культуру.

В наше время в особенности важно и необходимо нравственное воспитание детей в современном обществе при помощи сказок, когда многие ценности утрачивают своё предназначение. Чаще всего случается, что единственным источником знакомства со сказками является мультфильм, но создатели мультфильмов часто искажают смысл, заложенный в сказках, тоже самое происходит и с вновь изданными книгами. Авторы обращают поучительное повествование в забавное действие. При воспитании детей следует уделять для знакомства с миром сказок через книгу. Создать некое общение между ребенком и сказкой, потому что детские сказки – это особенный мир, наполненный чудесами, в который ребенок погружается, открывая для восприятия всего себя. Только вникнув в волшебную историю всей силой, ребенок приходит к определенным выводам, приобретет необходимый жизненный опыт. Детьми усваиваются правильные нравственные понятия и категории: трудолюбие – лень, послушание – непослушание, жестокость – милосердие, бескорыстие – жадность. Сказки для детей и необходимы тем, что учат делать выбор между добром и злом, применяя опыт из сказок в жизни.

Вырабатывается готовность подражать положительным персонажам детских сказок и вести себя доброжелательно, заботливо к окружающим. Прививаются такие черты характера, как доброта, терпение, толерантность, милосердие. Развивается чувство прекрасного.

Художники, которые создают детские иллюстрации – иллюстраторы детских книг или иначе детские иллюстраторы – это, по своему, взрослые дети. Лучшие иллюстраторы детских книг имеют способность воспринимать мир так же, как его воспринимают дети, со всей неотъемлемой детям непринужденностью, наивностью и способностью удивляться. Это встречается довольно редко, потому хорошие детские художники иллюстраторы встречаются нечасто. Дети очень тонко чувствуют обман, гораздо сильнее, чем взрослые, именно поэтому иллюстрации детских книг должны быть очень четко последовательны. Лучшие детские иллюстраторы всегда стараются показать не только то, о чем повествуется в детской книжке, но также передать эмоции и характеры персонажей, точно и правдиво воссоздать обстановку. Для этого иллюстраторы детских книжек часто проводят большое количество времени за созданием эскизов, работают в архивах, выискивая древние рисунки, которые помогли бы точно воссоздать элементы рисунка и продумывают общую композицию иллюстрации. Лучшие детские иллюстраторы продумывают расположение каждой буквы, каждой строчки, не допуская оплошностей и небрежностей в деталях. Именно такие книги становятся произведениями искусства, вырастая на которых взрослые не стыдятся показать своим детям и внукам.

Первый важнейший опыт ребенок получает вместе с самым первым прикосновением к детской книге. Чаще всего это первое, еще не умелое касание дорого обходится книгам, но, тем не менее, те впечатления, которые получит ребенок, повлияют на всю его дальнейшую жизнь. И это влияние невозможно переоценить. В раннем возрасте ребенок еще не умеет читать и усваивает только графическую информацию, то есть просто разглядывает рисунки. Но даже при условии, что ребенок уже начинает читать книги, рисунки вызывают у него сильнейшее эмоциональный отклик, помогая правильно усваивать информацию. Рисунки закрепляют ее на эмоциональном уровне. Именно поэтому к иллюстрациям детских книг предъявляются особые требования.

Опыт издания детской литературы последних лет говорит о том, что издатели детской литературы чутко реагируют на изменения в жизни социума, постоянно пребывают в творческом поиске, пытаются как можно лучше учитывать спрос времени и своего читателя. Особенно велико значение эмоционального фактора в составе изданий и конструирование их, применение различных средств изобразительного искусства и дизайна книги, соответствующих особенностям детского мышления. Творческое оформление детской книги является важным фактором деятельности книгоиздателя, поскольку он выступает главным фактором воспитательно-познавательного, эстетического и эмоционального воздействия на ребенка. Картинка, лишенная эстетических качеств, ограничивает духовный мир ребенка, лишает его интереса и радости. Она ухудшает этот мир, ибо искусство, посвященное детям, как ничто другое, формирует личность всем запасом своих выразительных средств. И если допустим, например, жизнь тех или иных персонажей повествования учит ребенка сущности морали, то гармоничное богатство цвета, ритм, наконец, сама неординарность, оригинальность решения книги также постоянно участвуют в формировании духовного мира ребенка. Они совершенствуют в нем способность воспринимать гармонию и движение форм жизни, взращают в его душе первые ростки творческого, созидательного начала.

Как считаю многие специалисты, именно иллюстрированная книга, точно отображающая текст и тематику произведения, является необходимым каналом общения детей со сказками. Иллюстрирование детских книг требует от художника гораздо большого внимания и ответственности, чем которые необходимы и в работе над «взрослой» книгой. Однако различное восприятие изобразительного языка иллюстраций у детей и взрослых заставляют художника искать новые, соответствующие возрасту приемы, типы образов в детской книге, композиционные построения и т.д. В детской книге особенно важен симбиоз познавательного, нравственного и эстетического начал. Активное воздействие иллюстраций на образное мышление ребенка, на его воображение и фантазию ставит перед художником новые творческие задачи. При создании иллюстраций для детских книг основным художественным методом является образное воспроизведение текста, использование метафорических средств, так как образность лежит в природе детского мышления. Образные средства стимулируют развитие творческого мышления у детей, формируют их различные эмоции, воспитывают правильность принятия решений.[2]

Иллюстрация книги - это не просто добавление к тексту, а художественное отображение содержания. Детская книжная иллюстрация служит многим целям: воплощение фантазии, оживление воспоминания, развивает образное мышление.

В иллюстрированной книге текст и изображение влияют сразу на два канала восприятия ребенка – зрительный и слуховой, и даже, тактильный (различные текстуры поверхностей). Такое многоканальное воздействие имеет большую силу и лучше воспринимается и запоминается маленьким человеком.

В детстве именно иллюстрация определяет художественную ценность, тип эмоционального воздействия, возможности использования ее в процессе эстетического воспитания читателей. Художественно иллюстрированная детская книга - одно из важнейших средств нравственно-эстетического воспитания детей.

С одной стороны, иллюстрация дополняет текст с помощью зрительных образов, а с другой стороны, воспроизводит литературное произведение, дает ключ к его пониманию, а также является самодостаточным явлением искусства книжной графики. Художник-иллюстратор в детской книге одновременно и творец, и соавтор писателя, который дает зрительную интерпретацию, изложенных в тексте событий и образов.

Для большинства детей в мире иллюстрация в книге является первой встречей детей с изобразительным искусством. Она пробуждает в ребенке определенные чувства и эмоции, которые вызывает в нас по настоящему эстетически ценное произведение, обогащает и развивает эмоционально-образное восприятие.

Художественно исполненная иллюстрация воздействует на ребенка эстетически, в то же время, помогает ребенку через искусство познать, мир, передает нравственные ценности. Иллюстрированная книга стимулирует ребенка к обучению чтению, а затем подталкивает к совершенствованию навыков чтения. Она способствует пониманию смысла, заложенного в сказке, формирует представление о сюжете, а также теме, идее, персонажах, содержит в себе оценку событий и героев литературного действия – формирует менталитет.

Таким образом, иллюстрация в книге народных сказок выполняет и педагогическую, и эстетическую функции.

Литература:

1. Бакулина, Г.А. Иллюстрирование русских народных сказок на уроках тематического рисования / Начальная школа. - 2003.. - С. 57.

2. Никитина, Т.Ю. «Особенности иллюстрирования различных типов изданий» » [Электронный ресурс].Доступно на: URL: http://www.fairyroom.ru/?p=13584 (режим доступа – свободный)

3. Таберко, К.И. «Русские народные сказки. Часть 1» [Электронный ресурс].Доступно на:URL: http://taberko.livejournal.com/80416.html?thread=1089056 (режим доступа – свободный).

Педагогические науки

Buzhykov R.P., Buzhykova R.I.
PhD , Petro Mohyla Black Sea State University; PhD Mykolayiv interregional institute of human development "Ukraine",
mail-roma@mail.ru, buzhykova@mail.ru

PEDAGOGICAL CONDITIONS OF THE INTERNET TECHNOLOGIES USAGE IN FOREIGN LANGUAGE TRAINING OF INTERNATIONAL RELATIONS FACULTY STUDENTS

Application of technical training has long been included in the structure of the educational process in contemporary higher education. At this stage, implementation of innovative teaching methods becomes urgent, including the usage of Internet Technology (IT) in the foreign language training students of international relations faculties. The usage of high speed data medium of large volume of new information and communication technologies is involved nowadays.

An important condition for the modern development of international cooperation is the availability of highly qualified professionals who speak foreign languages at a high level. For better training of such professionals we must take into account not only the professionalism and experience of the lecturer , but the students mastering the skills of self-identity, which is largely achieved through the introduction of innovative technologies in the learning process.

The purpose of the article is to justify the pedagogical conditions of Internet - technologies applying in foreign language training of international relations faculty students, to demonstrate the advantages and prospects of application of IT training.

The structure of any activity or system must contain certain elements. Among the components of educational system researchers define the following: learning objectives, content of teaching material, teaching aids and methods of work, forms of learning, the activity of a lecturer and students. Yu Babanskii declared aims, content, forms and methods of training and education, and the results among the components of educational activities and pedagogical process [1].

Among these components, researchers [2; 7; 9] define the basic characterizing learning by using information technology, so certain pedagogical conditions of their usage can be defined. The motivational support of foreign language learning in the creation of online learning environment. Implementation of this requirement involves creating conditions which encourage the active usage of innovative forms of learning activities, form a positive motivation for learning, promote active teaching and learning activities [4; 5]. Algorithm of learning process based on the usage of IT systems. This condition provides planned, meaningful conducting of the lesson, selection stages of the educational process, which should apply online products, the place of IT in the structure of a lesson, time to work with them, identifying meaningful networking products and so on. This condition provides a good selection of methods of IT usage and organizational forms of learning, individual and group approach to mastering the content of this product. The need for algorithmic learning process lecturers confirms psycho-educational learning theory of M. Halperin and N. Talyzina about the gradual formation of mental actions [3]. Compliance with an algorithm during lessons using IT will enable the lecturers to effective lectures conducting and form students' skills.

For foreign language students training it would be best to use the Internet at the stage of improving language skills [10]. Taking into account that the scope of traditional tasks of education is expanding due to focus on improving the quality of training, the usage of IT in the foreign language training of students is one way to solve current teaching assignments. E. Polat [8] notes that work with the Internet sources contributes to the integration of teaching and research activities. This assumes the use of active learning, strengthening the creative and intellectual components of students' work. It should be emphasized that the information content of the Internet sources is one of their most valuable features and stimulates motivation to learn. Creating the conditions when students are applying instructional materials, find tasks, do them, improves success in foreign language learning. This adds urgency of the development of technical methods and teaching of the Internet technologies for improving creativity, developing abilities to create searching strategies of educational and professional goals. For this reason teachers should have the ability to efficiently select and apply exactly the technology that fully meet the content and purpose of a particular disciplines study, contribute to student learning goals based on his individual characteristics. A key role plays the selection of teaching materials on the lexical, grammatical, phonetic, linguistic, situational and visual levels. Of course, the teacher has to take care of the availability of materials according to the knowledge level of each student to elaborate materials of varying degrees of difficulty based on psychological and other subjective characteristics of students.

Reasonability of using the Internet technologies in foreign language teaching is determined to expand, deepen and specialization of linguistic material, used in the professional field, the task of learning professional activities through a foreign language. Didactic Internet technologies allow the usage of video, online video, audio, participation in joint telecommunication projects, tests, assignments, opportunities to read books in the original, taking part in various competitions and contests, e-mail correspondence with students of other countries, etc. which promote including of learners in the active perception of authentic conversations, lectures, reports, stories, dialogues of native speakers. Teaching sites contain a variety of materials of this type. The recommendations provided in their handling of the preceding task, aim to present the user with listening or viewing the offered material (eg , "Listen attentively to the text and get ready to complete the sentences using new vocabulary notes"). Special attention deserves the opportunity provided within the application YouTube - getting Optional subtitles for the video broadcasting (Services - record audio with the text service which uses Google technology of speech recognition to create automatic subtitles to your video, translate titles etc.).

The specifics of the application of IT in the process of foreign language training is two-way learning process - both in the classroom under the guidance of a lecturer, and self extracurricular activities of students. Online and offline materials, which Internet represents for students who can independently verify the accuracy of performed exercises without leaving the area, apply a variety of databases, encyclopedias and reference books, despite the distance and time. The availability of huge amount of diverse data and different aspects of educational sites building determine many choices of students with educational materials, such as the usage of categories: Brief Overview of Grammar (Basic Word Order, Key to English Tenses, Articles Foreword, Modal Verbs Introduction), Perfect Pronunciation Exercises (Train Your Accent), Randall's ESL Cyber Listening Lab, Cambridge Dictionaries Online, Online Writing Lab (OWL) etc. The complexity of the impact of consumption on the channels of information perception due to the possibility of simultaneous application of abstract graphic illustration, video processing capabilities of educational materials in appropriate, from the students' point of view tempo and mode (single or multiple viewing, pause, watching and listening with titles or not, etc.). Learning Environment of Internet certainly has some advantages over printed materials, audio and video courses, providing a plenty of information, acting on complex receptive perception of information channels, enabling individualized learning and self-education. It offers access to information in academic centers around the world, libraries, creating real conditions for self-education, expanding worldview training [6].

References:

1. Babanskii Yu. Pedagogy / Yu.Babanskyy, V. Slastenin, N. Sorokin / Ed. Yu. Babanskii. - [2nd edition]- M.: Prosveschenie, 1988. - 479 p.

2. Batyshev S. Professional pedagogy / Batyshev S., Yakovleva M., Skakun V. - Moscow: Association "Professhional Education", 1997. - 512 p.

3. Halperyn P. Psychological foundations of programming learning / P. Halperyn. - M. : Znanie, 1965. - 190 p.

4. Horol P. Modern information training tools.-Kiev, 2004. - 535p.

5. Inhenblek B. All about multimedia / V. Inhenblek. - K. : BNV, 1996. - 352 p.

6.Ischuk N. The use of multimedia in the process of training of economists in establishments of I-II levels of accreditation dis. ... candidate. ped. sciences: 13.00.04 / Ishchuk Natalia. - Kiev, 2004. - 214 p.

7.Method of foreign language teaching using informational and Internet - technologies/P.Sysoeva, M.Yevstigneev - Moscow: Phoenix, Glossa -Press, 2010.- 180 p.

8. New Pedagogical and Informational Technologies in the system of education / Ed. E. Polat. - 2nd ed., - Moscow: Publishing cent. "Academy", 2005. - 272 p.

9. Onkovych H. Media educational technologies / Higher Education of Ukraine. "Higher Education in Ukraine 's integration into the European Higher Education Area : monitoring the quality of education ." - 2007. - V.5 (Appendix 3). -P. 357-363.

10. Polat E. Internet at the foreign language lessons / FLS. - 2000. - № 2,3.

Сироткина Ж.Е.
кандидат педагогических наук, доцент кафедры музыкального и изобразительного искусства Измаильского государственного гуманитарного университета

ПЕДАГОГИЧЕСКИЕ ВОЗМОЖНОСТИ ВЗАИМОДЕЙСТВИЯ РАЗЛИЧНЫХ ВИДОВ ИСКУССТВА В ПРОЦЕССЕ ФОРМИРОВАНИЯ ПРОФЕССИОНАЛЬНЫХ УМЕНИЙ БУДУЩИХ УЧИТЕЛЕЙ НАЧАЛЬНЫХ КЛАССОВ И МУЗЫКИ

Формирование профессиональных умений является одной из важнейших задач профессиональной подготовки будущих учителей в высшем учебном заведении. Возможности взаимодействия различных видов искусства в процессе формирования профессиональных умений будущих учителей исследовали Л.Арчажникова, И.Гринчук, Т.Костогрыз, Л.Масол, Н.Миропольская, О.Олексюк, В.Орлов, Г.Падалка, О.Ростовский, О.Рудницкая, Н.Швец, О.Шевнюк, Г.Шевченко, О.Щолокова, Б.Юсов и другие. Они рассматривали взаимодействие различных видов искусства именно как средство усовершенствования художественно-аналитических, художественно-графических, вокально-речевых, емпатийних и рефлексивних умений, педагогической и исполнительской техники, творческого воображения, фантазии учителя.

Проблемы профессиональной подготовки учителей на основе взаимодействия различных видов искусства исследовались достаточно широко. В то же время, на практике сказывается отсутствие системного использования педагогических возможностей взаимодействия различных видов искусства непосредственно направленного на формирование профессиональных умений будущих учителей начальных классов и музыки.

Кроме того, имеют место противоречия, связанные с: уникальной перспективой взаимодействия различных видов искусства в учебно-воспитательном процессе начальной школы и неполным использованием ее возможностей; необходимостью формирования профессиональных умений будущих учителей начальных классов и музыки средствами взаимодействия различных видов искусства и отсутствием соответствующего методического обеспечения.

Таким образом, актуальность, недостаточная изученность и потребности практики, вызвали интерес к анализу данной проблемы.

Учитывая отмеченное, мы определили *цель* нашей статьи – раскрыть педагогические возможности взаимодействия различных видов искусства.

Надо отметить, что нас интересует взаимодействие различных видов искусства как средство влияния на сознание личности, процесс профессионального становления будущих учителей и их профессиональных умений в частности.

Обобщая исследования ученых (Г.Мартьянова, Т.Рейзенкинд, О.Рудницкая О.Щолокова и др.), мы определяем *взаимодействие различных видов искусства* как *универсальное средство педагогического влияния, которое с помощью постоянного превращения художественных образов в разных пространственно-временных измерениях обеспечивает многомерное влияние на психику личности* [1, 40].

На современном этапе в педагогике существует несколько типов применения взаимодействия различных видов искусства в учебно-воспитательном процессе. Нам импонирует классификация, предложенная Г. Шевченко, которую мы адаптировали в соответствии с нашим исследованием: соединительный тип, или межпредметные святи; коррелятивный тип; інтегративний (последовательный); коррелятивно-інтегративний; творческий тип [2, 44-46].

По нашему мнению, взаимодействие различных видов искусства через отмеченные типы может закладывать фундамент для творческой деятельности будущих учителей начальных классов и музыки.

Мы соглашаемся с Б.Юсовим и Г.Шевченко, которые определяют такие механизмы влияния взаимодействия различных видов искусства на личность:

1. Взаємодействие видов искусства как система раздражителей в зависимости от определенных сочетаний видов искусства может вызывать ассоциации одноименных и разноименных ощущений, на основе которых появляются более сложные ассоциации по смежности, подобию и контрасту.

2. Благодаря иерархии видов искусства, порядка их использования, из звена ассоциативных ощущений формируется определенный динамический стереотип, стойкий механизм, целостное отношение, к системе взаимодействующих видов искусства.

3. Взаємодействуя между собой, различные виды искусства не только развивают те сферы чувств, на какие они действуют непосредственно, но и непрямым, косвенным путем тренируют другие, оттачивая их, концентрируя эстетические переживания и разнообразные эмоциональные состояния [4, 34].

Таким образом, взаимодействие различных видов искусства влияет на чувственные органы личности разнообразием красок, звуков, словесных интонаций, вызывает такие же разнообразные ощущения, которые анализируются, сравниваются, сопоставляются с уже существующими понятиями и представлениями. В результате активизируется воображение и мышление, обогащаются эмоции, углубляется мировоззрение, восприятие окружающего мира.

Необходимость использования взаимодействия различных видов искусства в педагогическом процессе, на наш взгляд, предопределена тем, что каждый вид искусства, владея специфическими возможностями отображения разных аспектов окружающего мира, все же имеет ограниченный изобразительный диапазон воссоздания. Эти особенности каждого отдельного вида искусства определяют и характер его влияния на личность. Совмещающим элементом между различными видами искусства является то, что каждый из них своими специфическими средствами раскрывает внутренний мир человека. Произведение каждого вида искусства само по себе может вызывать определеное эмоциональное состояние личности, но их комплексное применение влияет на усвоение, понимание и восприятие "неоднородных духовных пространств". По Г.Мартьяновой механизмами такого усвоения являются: 1) ключевая педагогика слова, которая обеспечивает понимание единства происхождения множественного числа элементов из поэтического и литературного слова; 2) текст-живопись, который усиливает ракурс целостного восприятия форм в двигательных от статики к динамике; 3) текст-театр, реализующий ассимилирования содержания и значений, узнавания себя, через среду и усиливающий суггестивно-коммуникативную функцию; 4) кино-текст, который обеспечивает динамику движения образов субъекта, предусматривает целостное синкретическое восприятие образов мира, что позволяет возобновить поиск духовного центра мира; 5) музыка-текст, который воспроизводит музыкальный образ эмоции, музикально пластичный жест [3, 53].

В подготовке учителей начальных классов и музыки проблема взаимодействия различных видов искусства занимает особое место, поскольку направляется на решение важных вопросов профессиональной подготовки. Главная цель заключается не только в том, чтобы углубить художественный тезаурус студента (что есть, также, важным и необходимым), но и в том, чтобы использовать разновидности искусства в их органической взаимосвязи для формирования профессионально-педагогических умений, развития специфических признаков емпатии и рефлексии, глубокого понимания и переживания, эмоционально-образного содержания произведения, активизации непосредственного эмоционального отклика, расширения пределов образных представлений, которые являются возможными лишь в контексте разнообразия средств художественного познания. Полифункциональность взаимодействия различных видов искусства обеспечивает в подготовке будущих учителей начальных классов и музыки креативность мышления, мировоззренческую основу познания на базе дифференцированого подхода к языку каждого вида искусства; усиливает аспект чувственного познания; развивает суггестивную способность, оказывает влияние на развитие вкуса, способность познавать и распознавать прекрасное, осуществляет преобразующее влияние на эмоциональную культуру.

Все изложенное и проекция педагогических возможностей взаимодействия различных видов искусства на систему профессиональных умений, необходимых для осуществления педагогическо - художественной деятельности, дает основание для выявления целесообразности применения взаимодействия различных видов искусства в процессе формирования профессиональных умений будущих учителей начальных классов и музыки.

На основе разработанной методики диагностики удалось выяснить среди учителей-практиков их отношение к взаимодействию различных видов искусства как фактору профессионального усовершенствования. Так, 84,4% учителей уверены, что взаимодействие различных видов искусства, бесспорно, является оптимизирующим фактором профессионального становления будущих учителей начальных классов и музыки; 14% респондентов считают, что взаимодействие искусств "скорее способствует, чем не способствует" и только 1,6% учителей не имело конкретного мнения относительно данной проблемы.

Следовательно, представленные материалы удостоверяют, что очевидна не только актуальность, но и потребность в значительных резервах взаимодействия различных видов искусства.

Рассматривая проблему в ракурсе целесообразности использования взаимодействия различных видов искусства в подготовке учителей начальных классов и музыки, отметим ее двойное влияние на формирование профессиональных умений. С одной стороны, взаимодействие различных видов искусства является необходимым условием профессиональной подготовки, которая обеспечивает эффективность приобретения навыков и умений. С другой – это результат овладения знаниями, навыками и умениями, что предопределяет вместе с тем успешное выполнение профессиональных функций.

Таким образом, считаем, что учет педагогических возможностей взаимодействия различных видов искусства, механизмов влияния его на личность и верно избранный методический подход помогут оптимизировать процесс формирования профессиональных умений будующих учителей начальных классов и музыки.

Литература

1. Сироткіна Ж.Є. Формування професійних умінь майбутніх учителів початкових класів засобами взаємодії різних видів мистецтва: Дис… канд. пед. наук: 13.00.04. – К., 2006.
2. Шевченко Г.П. Эстетическое воспитание в школе: Учебно-методическое пособие. – К.: Радянська школа, 1985.
3. Мартьянова Г. Взаємодія мистецтв у поліхудожньому розвитку учнів// Рідна школа. – 2001. –№5.
4. Юсов Б.П., Шевченко Г.П. Взаимодействие и интеграция искусств в полихудожественном развитии школьников. – Луганск, 1990.

Депутатова А.П.
аспирант Казанского Приволжского Федерального Университета

ПРИМЕНЕНИЕ ПРИНЦИПОВ АРТПЕДАГОГИКИ В ОБУЧЕНИИ ВЗРОСЛЫХ

В последнее десятилетие наблюдается повышение интереса к обучению взрослых. Этот процесс обуславливается растущей в обществе потребностью в постоянном повышении квалификации, переобучении или даже смене профессии для трудящихся граждан. Современное информационное общество постоянно нуждается в специалистах высшего класса, при этом требования к таким специалистам растут, объём знаний и информационного потока постоянно расширяется, что заставляет даже высококвалифицированных специалистов постоянно искать дополнительные источники знаний и актуальной информации, позволяющей идти в ногу со временем и быть в курсе прогрессивных идей и веяний в их профессиональной сфере.

Не менее важную роль играет и переквалификация кадров. Не редки случаи, когда человек, окончив университет, или другое высшее или среднее учебное заведение и успев поработать по вновь приобретённой профессии, приходит к выводу, что выбор, сделанный им в юности, после окончания школы, был не верным, и он хочет опробовать свои силы в совершенно иной сфере деятельности. Причины могут быть и иными – недовольство своим текущим материальным положением, профессиональное выгорание, произошедшая переоценка жизненных ценностей и т.д. В связи с этим назревает всё большая необходимость в открытии всё новых курсов и даже факультетов по обучению не только взрослых работающих кадров, но и пенсионеров.

Говоря о развитии системы образования для взрослых, необходимо отметить, что в вопросах разработки данного направления Россия серьёзно отстаёт от своих европейских коллег. Европа уже вступила в «эпоху знаний» и пришла к выводу, что успешный переход к экономике и обществу, основанных на знании, должен сопровождаться процессом непрерывного образования - учения длиною в жизнь (lifelong learning). Главная идея нового подхода состоит в том, что непрерывное образование перестает быть лишь одним из аспектов образования и переподготовки; оно становится основополагающим принципом образовательной системы и участия в ней человека на протяжении всего непрерывного процесса его учебной деятельности [3]. Для продвижения новой стратегии создаются новые образовательные программы, такие как «Сократ» (SOCRATES). «Сократ» - это европейская образовательная программа, в которой участвуют около 30 стран. Ее главная цель состоит в том, чтобы построить грамотную Европу и, таким образом, обеспечить оптимальное реагирование на основные вопросы нового столетия: популяризировать идею пожизненного обучения, облегчить доступ к образованию для всех и каждого и помогать людям приобретать повсеместно признаваемую квалификацию и навыки. Наиболее интересным, на наш взгляд, является одно из восьми открытых направлений «Сократа», а именно программа «Грундтвиг» (GRUNDTVIG). Программа "Грундтвиг" была разработана с тем, чтобы ответить на вопросы, возникающие в связи с потребностью обновления знаний, а также чтобы направить взрослых по пути совершенствования их мастерства и опыта, которые они приобретают на протяжении всей жизни, тем самым дав им возможность приспосабливаться к изменениям, происходящим на рынке труда и в обществе в целом. "Грундтвиг" сосредотачивается на всех формах неспециализированного и непрерывного образования для взрослых. Она предназначена для учеников, преподавателей, инструкторов и других участников процесса обучения взрослых, а также для учебных учреждений, организаций и других структур, которые предлагают и облегчают возможности такого обучения. Образовательные центры для взрослых, консультативные и информационные службы, неправительственные организации, предприятия, исследовательские центры и высшие учебные учреждения могут сотрудничать друг с другом в рамках межнациональных товариществ, европейских проектов и систем. Кроме того, все участники процесса обучения взрослых могут принять участие в мероприятиях, призванных повысить мобильность образования [5]. Контролем и реализацией разрабатываемых программ в ЕС реализуется соответствующими национальными агентствами, например, в Германии – Национальным агентством европейского образования при Федеральном институте профессионального обучения и др. [4].

В России же, где на сегодняшний день до сих пор не принят Федеральный Закон «О дополнительном образовании», по существу отсутствует единая система повышения квалификации и переподготовки кадров. Существуют отдельные образовательные учреждения, занимающиеся переподготовкой и повышением квалификации, но из-за наличия разных уровней подчинённости, разных систем финансового, методического обеспечения приводят к тому, что многие учреждения фактически находятся в условиях самовыживания и строят свою деятельность соответственно. Сложившаяся ситуация, с одной стороны, стимулирует бурный рост внедрения качественно новых образовательных программ и услуг. Экономическая самостоятельность образовательных учреждений порождает качественно иное отношение к своему функционалу. Сегодня большинство экспертов убеждено, что именно система дополнительного образования в современном быстроменяющемся мире способна обеспечить динамичный и адекватный ответ запросам производства и общества. Сама жизнь вынуждает учреждения ДПО из чисто образовательных превращаться в комплексные учебно-консультационные деловые центры с широким спектром услуг, способствующих успешной деятельности предприятий, фирм, индивидуальных предпринимателей. С другой стороны, существуют определенные риски. Учреждения должны всегда идти на рынок услуг с опережающими технологиями, которые потребуются ему завтра или послезавтра. Соответственно, для этого требуются значительные финансовые вложения, которые должны вкладывать либо государство, либо корпоративы.

Также необходимо быть готовым к тому, что постановка новых целей и задач для системы ДПО потребует разработки новых практических и методологических приёмов для их реализации. Основной сложностью разработки новых программ является осознание серьёзного отличия в восприятии процесса обучения взрослыми обучаемыми. В связи с этим в педагогике появляется особый раздел дидактики, получивший название андрагогика (от греч. aner, andros - взрослый мужчина, зрелый муж - + ago — веду) - наука об обучении взрослых, раздел теории обучения, раскрывающий специфические закономерности освоения знаний и умений взрослым субъектом учебной деятельности, а также особенности руководства этой деятельностью со стороны профессионального педагога.

Понятие «андрогогика» было введено в научный обиход в 1833 году немецким историком педагогики А. Капом [1,10]. Наряду с термином «андрогогика» в специальной литературе используются термины «педагогика взрослых», «теория образования взрослых» и др. Основные положения андрогогики сформулировал Малколм Шеппард Ноулс в 1970 году. Он издал фундаментальный труд по андрогогике «Современная практика образования взрослых. Андрогогика против педагогики».

Следует отметить, в системе дополнительного образования взрослых выработка, апробация и практическое использование инновационных педагогических технологий идут быстрее и интенсивнее, чем в основном образовании, которое по своей природе намного более консервативно. Данное положение подтверждают формы и методы активного обучения, мощный импульс распространению которых был дан в 70–80-х в системе дополнительного образования взрослых, повышения квалификации и переподготовки специалистов [2, 62].

В то же время многие взрослые люди продолжают испытывать трудности с обучением. В большинстве случаев это связано с неготовностью к изменениям и с психологическими причинами:

беспокойством о своем авторитете, боязнью выглядеть некомпетентным в глазах окружающих, несоответствием собственного образа «солидного человека» традиционно понимаемой роли ученика. Сегодня сложность обучения взрослых усугубляется еще и тем, что все они испытали на себе воздействие педагогической парадигмы. Поэтому очевидна необходимость в применении альтернативных методов и приёмов, направленных на снижение эмоциональной напряжённости у взрослых учащихся в процессе обучения. Одним из наиболее эффективных альтернативных методов, на наш взгляд, является артпедагогика.

Артпедагогика – особое направление в педагогике, где воспитание, образование, развитие личности, ее коррекция осуществляются средствами искусства. Сущность артпедагогики заключается, во-первых, в ее возможностях формировать адаптивные способности личности с помощью искусства. Во-вторых, в воспитательной функции – воздействие на нравственно-этические, эстетические, коммуникативно-рефлексивные основы личности. В-третьих, в ориентации на присущий каждому человеку потенциал мыслей, чувств, стремления к творчеству, гармонии, познанию. Артпедагогика не имеет возрастных ограничений, что позволяет использовать её принципы и применительно к андрогогике.

Артпедагогика способна и призвана решать следующие задачи:

- облегчение процесса обучения для учащегося и педагога;

- поиск социально приемлемого выхода агрессии и других негативных чувств, которые возникают в процессе обучения;

- проработка учебного материала с опорой на имеющийся духовный и жизненный опыт, что делает знания, умения и навыки личностно значимыми;

- налаживание отношений между учителем и учениками, создание наиболее благоприятных условий для ведения диалога;

- содействие в сохранении целостности человеческой личности, путем воздействия в процессе обучения на этическую, эстетическую, эмоциональную сферы личности;

- содействие адаптации личности в социуме (самопознанию, самоопределению, самореализации), через приобщение к плодам творчества всего человечества в разных его видах, путем создания собственного творчества;

- развитие рефлексивной культуры, чувства внутреннего контроля, необходимого в процессе обучения;

- содействие развитию всех органов чувств, памяти, внимания, воли, воображения, интуиции в процессе обучения, воспитания, развития средствами классического и народного искусства.

Таким образом, способность артпедагогики вызывать в процессе обучения положительные эмоции помогает взрослым учащимся преодолеть адаптацию, раскрыть свой внутренний потенциал, справится с комплексами и внутренней неуверенностью в себе, сблизится с членами нового учебного коллектива, в который они попадают. Способствуют этому процессу и основные концептуальные идеи артпедагогики: идея гуманизации, идея креативности, идея рефлексивности, а также - идея интегративности.

Гуманизация это - стержень нового педагогического мышления, в основе которого лежит установка восхождения к личности, к человеку как высшей ценности. Гуманизм - основа артпедагогики, главный принцип деятельности артпедагога.

Креативность включает в себя четыре основных аспекта: креативная среда, креативная личность, креативный продукт, креативный процесс. Личность становится креативной, только если она может осуществлять свою творческую деятельность полноценно, в условиях свободной и креативной среды. Творческая способность не может возникнуть и тем более развиться в результате принуждения. Поэтому перед артпедагогом встает вопрос, как создать условия, стимулирующие благоприятное созидательное творчество.

Реализация идеи рефлексивности — это готовность и способность человека творчески осмысливать и преодолевать проблемно-конфликтные ситуации; умение обретать новые смыслы и ценности, адаптироваться в непривычных межличностных системах отношений, ставить и решать неординарные практические задачи. В качестве основного показателя рефлексивной культуры личности можно рассматривать ее способность к работе в условиях неопределенности, так как это свидетельствует о взаимосвязи рефлексии и творческих возможностей личности.

Идея интегративности заложена в самой основе артпедагогики. Она развивается на основе слияния всех отраслей и видов искусства, а также — педагогики, психологии и других областей наук о человеке. Гармоничное сочетание всех видов и форм разнообразной художественной деятельности обогащает нравственно-эстетический облик учащегося. Вместе с тем, ученик осваивает информацию в основном при помощи трех модальностей (ощущения, зрение, слух), Так как у каждого человека доминирует своя модальность, то и материал необходимо воспроизводить в трёх модальностях одновременно — для его лучшего понимания и усвоения всеми участниками учебного процесса.

Резюмируя вышесказанное, можно сделать вывод о том, что артпедагогика обладает мощным потенциалом, актуализация которого позволяет кардинально менять дидактические подходы к процессу обучения взрослых. Благодаря реализации идей артпедагогики становится возможным сделать обучение более результативным, творческим и доступным для каждого человека. Кроме того, к очевидным достоинствам артпедагогики следует отнести то, что ее грамотное и систематическое использование повышает возможности поиска новых творческих путей в педагогике в целом и в андрогогике в частности. Все это способствует лучшему освоению взрослыми учащимися наук и искусства, а также их непрерывному духовному и нравственному развитию, которое так актуально на сегодняшний день.

Литература

а)

1. Основы андрогогики: Учеб. Пособие для студ. высш. пед. учеб. заведений / И.А. Колесникова, А.Е. Марон, Е.П. Тонконогая и др.; Под ред. И.А. Колесниковой. – М.: Издательский центр «Академия», 2003.- 240с.
2. Панина Т.С. Современные способы активизации обучения: учеб. пособие для студ. высш. учеб. заведений / Т.С. Панина, Л.Н. Вавилова; под ред. Т.С. Паниной. – 4-е изд., стер.- М.: Издательский центр «Академия», 2008.- 176с.

б)

3. Общероссийская общественная организация Общество «Знание» России [Электронный ресурс] – Режим доступа http://www.znanie.org/docs/memorandum.html (дата обращения15.06.2013)
4. Питерский Д. Международный проект по программе Грундтвиг ://Партнёр № 3 (174). - 2012 [Электронный ресурс] – Режим доступа http://www.partner-inform.de/partner/detail/2012/3/266/5331 (дата обращения15.06.2013)
5. incrEAST [Электронный ресурс] – Режим доступа http://www.increast.eu/ru/127.php (дата обращения15.06.2013)

Иванова К.А.
аспирант ГБОУ ВПО «Ставропольский государственный педагогический институт» по специальности 19.00.13. Психология развития и акмеология

ИССЛЕДОВАНИЕ СКЛОННОСТИ ПОДРОСТКОВ К ВСТУПЛЕНИЮ В СУБКУЛЬТУРЫ

В настоящее время такое социальное явление как субкультура довольно широко распространено. Подростки на определённом этапе своего развития стремятся вступить к одному из субкультурных направление, которое будет оказывать определённое влияние на личность, поведение и мировоззрение подростка.

Современная наука даёт огромное количество определений понятию «субкультура». М. Брейк, Р. Швендтер под субкультурой понимают особую форму организации людей (чаще всего молодежи) - автономное целостное образование внутри господствующей культуры, определяющее стиль жизни и мышления ее носителей, отличающееся своими обычаями, нормами, комплексами ценностей и даже институтами[5]. В рамках социологических исследований субкультура рассматривается как автономное относительно целостное образование, включающее в себя ряд более или менее ярко выраженных признаков: специфический набор ценностных ориентаций, норм поведения, взаимодействия и взаимоотношений ее носителей, набор предпочитаемых источников информации, своеобразные увлечения, вкусы и способы свободного время провождения, жаргон, фольклор.

По мнению Мудрик А.В, самоопределение личности предполагает нахождение ею определенной позиции в различных сферах актуальной жизнедеятельности и выработку планов на различные отрезки будущей жизни [4].

Рассмотрим более подробно факторы вступления подростков в субкультурные объединения. В настоящее время существуют общие факторы, обуславливающие появление субкультур: социальные, политические, психологические и духовные.

В данный момент в нашей стране социальное, духовное и политическое положение довольно не стабильно. Подростку попросту не на что «опереться», превращаясь во взрослого человека. Старые структуры, ценности, устои и принципы уже неактуальны для современной молодёжи, а новых ещё не выработано. Очевидно, что подросток будет искать место, где положение более устойчиво. Субкультуры (большинство видов и подвидов) имеют чёткую иерархию, структуру, ценности, определённое мировоззрение – именно это в рамках социальных и политических факторов становится привлекательным для подростков. Духовные причины вступления в субкультуры обусловлены так же и духовным голодом молодого поколения. Средства массовой информации транслируют определённую модель поведения, стиля жизни. Молодой человек, вырастая на подобной информации, перестаёт её «фильтровать» и воспринимает всё, что ему транслируют. Возникает своеобразный духовный голод, влекущий за собой потерю нравственных идеалов.

Однако, самое сильное влияние на субкультурное самоопределение подростков оказывают два взаимовытекающих фактора – психологический и фактор семьи. При этом, фактор семьи совсем недавно начал отделяться от социального, что свидетельствует о его возрастающем влиянии. Семейное неблагополучие имеет социально-психологические характеристики и отражается в проявлениях девиантного поведения подростков. Социально-психологические особенности подростков из неблагополучных семей проявляются в неадекватности поведения и в несформированности способов преодоления негативных жизненных ситуаций. Наиболее слабыми и неадекватными являются подростки из неполных семей. В обществе отчужденность семьи обусловлена высоким уровнем разводов, возрастающим количеством неполных семей, аморфной семейной политикой, дисфункциями в обществе, нарушением механизмов передачи новым членам общества необходимых навыков, нравственных ценностей и норм, неблагоприятным климатом внутри семьи [2,16-18].

Левикова С.И. выделяет следующие факторы, способствующие образованию и вступлению в неформальное объединение молодых людей:

1. Отвержения принятых ранее регламентирующих социальных нормативов, не удовлетворяющих более ввиду объективно изменившихся условий.

2. Попытки построения собственных «независимых» мировоззренческих систем.

3. Поиска молодыми людьми референтных групп со сходными установками. [1,21].

Однако, если брать во внимание тот факт, что большая часть субкультур зародилась зарубежом, а в нашем государстве появилась уже в изменённом и адаптированном виде, вполне логично будет предположить, что и факторы, влияющие на субкульутрное самоопределение подростка, могут быть специфическими для нашей социальной среды. Так, О. Дысютина определяет специфичные для российского общества факторы вступления подростков в субкультурные объединения [3,48-49]:

1. Для значительной части молодежи проблема физического выживания отодвигает на задний план потребности, реализуемые в формах молодежных субкультур.

2. Особенности социальной мобильности в российском обществе, позволяющие достигать престижного социального положения в очень короткие сроки.

3. Аномия в российском обществе, т. е. утеря тех нормативно-ценностных оснований, которые необходимы для поддержания социальной солидарности и обеспечения приемлемой социальной идентичности. В молодежной среде аномия ведет к парадоксальному сочетанию актуальных оценок и глубинных ценностных предпочтений.

Таким образом, можно выделить следующие общие факторы выбора подростками субкультур:

1. Утеря нормативно-ценностных оснований, необходимых для обеспечения социальной идентичности подростка.
2. Отвержение принятых ранее социальных ценностей и установок, не удовлетворяющих более потребностей молодых людей в связи с объективной сменой социальных условий и среды в целом.
3. Кризис института семьи, выражающийся в отчуждённых отношениях с подростка с родителями, неблагоприятным климатом в семье, ростом неблагополучных и не полных семей, высоким уровнем разводов и др.
4. Психологическая отчуждённость подростка как следствие кризиса института семьи, более сложной социальной идентификацией и социализацией.
5. Поиск подростками референтных групп со схожими интересами и мировоззрением.
6. Альтернативный способ познания и усвоения общепринятой культуры и ценностей общества.

В силу того, что субкультуры – явление распространённое, в то же время, данная проблема достаточно «молода». В современных школах, колледжах, техникумах и высших учебных заведениях есть подростки-неформалы, но методов работы с ними ещё не нет. Однако, прежде чем разрабатывать новые способы и методы, необходимо рассмотреть и учесть причины вступления подростков и молодых людей в субкультуры, понять что именно они получают, какие именно потребности удовлетворяют.

Литература:

1. Абросимов В.В. Молодёжные субкультуры в процессе развития и идентификации, Краснодар 2006, стр.21
2. Белашова, М. О. Автореферат Подростковые субкультуры в современной России / М.О. Белашова, Ставрополь, 2011; стр.16-18
3. Ладатко, А. В союзе с неформалами//Воспит. школьников. – 1990. - №3, стр.48-49
4. Мудрик А. В. Социальная педагогика: Учеб. для студ. пед. вузов / Под ред. В.А. Сластенина. - 3-е изд., испр. и доп. - М.: Издательский центр «Академия», 2000. - 200 с.
5. Философский словарь, http://vslovare.ru/slovo/filosofskiij-slovar/subkultura/268724

Захарченко Н.А.
к.психол.н., доцент, Институт сферы обслуживания и предпринимательства (филиал) ДГТУ г. Шахты
zakharchenko-n@yandex.ru

ВИДЕОТЕСТ КАК МЕТОД ДИАГНОСТИКИ УРОВНЯ ДОВЕРИЯ ДЕТЕЙ

Статья подготовлена при финансовой поддержке РГНФ в рамках научно-исследовательского проекта РГНФ («Доверие к незнакомым взрослым и безопасность детей»), проект № 1-06-00286а.

В социальной и возрастной психологии стало традиционным рассматривать доверие как важный компонент общения, определяющий характер протекания межличностных отношений и взаимодействий. Выявленные в психолого-педагогическом анализе содержательные характеристики доверия трактуют его содержание с точки зрения нескольких факторов: безопасность, совместимость; искренность. Данные факторы отражают этический смысл данного явления и предопределяют его духовно-нравственную подоплеку [1,68].

Анализ литературных источников показывает, что проблема изучения доверия детей дошкольного и младшего школьного возраста к незнакомым взрослым мало представлена в психолого-педагогических исследованиях. Следует отметить, что представления взрослых об уровне и содержании доверия ребенка к знакомым незнакомым людям позволяет избирательно и своевременно проводить воспитательную и психокоррекционную работу по формированию адекватного уровня доверия, тем самым, способствуя личностному росту и безопасности ребенка. Крайнее недоверие или, наоборот, доверие ребенка, по сравнению с большинством детей соответствующего возраста, может являться показателем отклонения в психическом развитии, неадекватного усвоения системы социальных связей или крайне неблагоприятных отношений в семье. В таких случаях необходимо безотлагательно предпринимать педагогические и психологические меры со стороны родителей, воспитателей, учителей и психологов.

С целью диагностики уровня доверия дошкольников и младших школьников разработан и апробирован видеотест «Отношение и доверие детей дошкольного и младшего школьного возраста к незнакомым взрослым» (5 – 6 лет) и (7 – 9 лет). Стимульный материал теста содержит 11 видеороликов, в которых отображены возможные типичные ситуации кратковременного взаимодействия ребенка с незнакомыми людьми на улице. Тестовые задания представляют собой отдельные видеоролики с сопровождающейся аудиоинструкцией. В каждом ролике отображены возможные ситуации кратковременного взаимодействия ребенка с незнакомыми людьми на улице, подобно тем, что представлены в бланковой методике изучения доверия детей к незнакомым взрослым.[2,89]

Каждый ролик снят по определенному сюжету взаимодействия ребенка и незнакомого взрослого: ребенок – гуляет один или с другом (подругой); незнакомые взрослые – мужчина или женщина, или вместе мужчина и женщина; степень удаленности ребенка от дома (школы) – ребенок гуляет рядом с домом (школой) или в отдаленности от него (нее); присутствие знакомого взрослого – есть или нет поблизости от ребенка знакомый взрослый (например, сосед по дому, учитель воспитатель) [3,57].

В качестве исполнителей выступили специально подобранные и проинструктированные участники – мужчина, женщина, ребенок. Видеосъемка проводилась со спины ребенка, который лицом к лицу взаимодействует с незнакомым взрослым, черты лица взрослого – замекшированы. Отсутствие в видеоролике черт лица незнакомого человека и ребенка, обеспечит проективное содержание методического инструментария. Стимульный материал в виде видеороликов представлен в двух формах, предназначенных отдельно для мальчиков и девочек пяти – шести и семи – девяти лет.

При создании роликов учтен принцип возрастной идентичности по каждой категории персонажа. То есть взрослые и дети, представленные в роликах субъективно воспринимаются ребенком как представители определенных возрастных групп. Ребенок приблизительно оценивает взрослых как имеющих возраст – 20-35 лет, а детей – как представителей своего возраста.

Варьирование конкретными элементами ситуации взаимодействия ребенка и незнакомого взрослого позволяет установить роль некоторых факторов ситуации взаимодействия в проявлении доверия детей.

Диагностическая ситуация является неопределенной для ребенка, так как она слабо представлена в его социальном опыте, в ней отсутствуют знакомые люди, которые при необходимости могут придти на помощь. Вследствие этого у ребенка актуализируется тревожность (возможно, страх), которая может усиливаться предыдущими эмоционально насыщенными наставлениями родителей не общаться с незнакомыми людьми. Поэтому в подобной исследовательской ситуации дети достаточно естественно будут проявлять недоверие к взрослым, практически также как при общении с ними в реальных условиях.

Видеотест «Отношение и доверие детей дошкольного и младшего школьного возраста к незнакомым взрослым» позволяет решать широкий спектр задач:
- определять уровень доверия детей к незнакомым взрослым;
- изучать ожидания детьми определенных действий со стороны незнакомых взрослых по отношению к ним;
- выявлять содержание ответных действий детей на действия незнакомых взрослых;
- определять эмоционально-оценочное отношение детей к незнакомым взрослым;
- изучать идентификацию детьми незнакомых взрослых с родителями или другими близкими им людьми;
- устанавливать роль некоторых факторов ситуации взаимодействия ребенка со взрослым в проявлении им доверия;
- оценивать воспитательные воздействия родителей на проявления доверия детьми к незнакомым взрослым.

Эти задачи можно решать как по отдельности, так и одновременно в зависимости от целей диагностики.

Представленный диагностический инструментарий может быть использован психологами, педагогами различных детских образовательных учреждений и другими специалистами, работающими с детьми.

Литература

1. Глушко И.В. Духовно-нравственные смыслы социального доверия // Инновационный потенциал субъектов образовательного пространства в условиях модернизации образования: материалы первой научно-практической конференции. Ростов-н/Д: ИПО ПИ ЮФУ, 2010.
2. Захарченко Н.А., Кулинцева Ю.С. Методика изучения доверия детей младшего школьного возраста к незнакомым взрослым // Психология и педагогика современного образования в России: сборник статей VI Международной научно-практической конференции. Пенза: Приволжский дом знаний, 2011.
3. Захарченко Н.А., Ситдикова С.Н. Проблема изучения доверия детей младшего школьного возраста к незнакомым взрослым // Современные исследования социальных проблем: электронный журнал, 2012. №2 (09). URL: http//www.sisp.nkras.ru.

Тибирьков А.П.
доцент, кандидат сельскохозяйственных наук, доцент кафедры «Почвоведение и общая биология» ФГБОУ ВПО Волгоградский государственный аграрный университет
г. Волгоград, Россия

Филин В.И.
профессор, доктор сельскохозяйственных наук, профессор кафедры «Земледелие и агрохимия» ФГБОУ ВПО Волгоградский государственный аграрный университет
г. Волгоград, Россия

ОПТИМИЗАЦИЯ ПЛОТНОСТИ ПАХОТНОГО ГОРИЗОНТА ПРИ ИСПОЛЬЗОВАНИИ ПОЛИМЕРНОГО ГИДРОГЕЛЯ НА СВЕТЛО-КАШТАНОВЫХ ПОЧВАХ НИЖНЕГО ПОВОЛЖЬЯ

Проблема повышения урожайности и качества зерна озимой пшеницы в нижневолжском регионе приобретает с каждым годом все большее и большее значение. Потенциальная урожайность озимой пшеницы зависит от биологических особенностей самой культуры её сортов, почвенно-климатических условий зоны, плодородия, различных свойств почв, технологии возделывания и других факторов [3,166].

Среди всех агрофизических показателей почвенного плодородия именно плотность почвы наиболее тесно связана с урожайностью сельскохозяйственных культур, в том числе и озимой пшеницы. Вместе с тем, в современных технологиях возделывания сельскохозяйственных культур параметры плотности почвы учитывают в наименьшей мере [1,44].

Изучая различные технологии возделывания сельскохозяйственных культур на светло-каштановых почвах в условиях Нижнего Поволжья (Волгоградская область), было установлено, что при использовании классических стандартных трех- или четырехпольных севооборотов, применяемых в регионе, с набором наиболее востребованных ценных культур, происходит заметное переуплотнение пахотного горизонта сельскохозяйственных посевных угодий. При этом активная деятельность научно обоснованного чередования культур (а точнее говоря их технологий возделывания) для разуплотнения почвы не всегда приносят нужного, а порой даже бездефицитного эффекта.

С 2009 года на светло-каштановых почвах в условиях опытного поля ФГБОУ ВПО Волгоградского ГАУ проводятся различные эксперименты по использованию полимерного гидрогеля органической природы для улучшения условий прорастания семян и питания растений [2,66-70]. Одним из таких свойств является его способность влиять на агрофизические свойства почв в благоприятную сторону в ходе формирования климатически обеспеченных урожаев сельскохозяйственных культур.

Экспериментальная часть опытов проводилась на светло-каштановых среднесолонцеватых почвах разнородного гранулометрического состава (в основном средне- и тяжелосуглинистые фракции). Содержание гумуса в пахотном слое почвы опытного участка очень мало и колеблется от 1,78 % (0,0-0,1 м) до 1,35 % (0,1-0,2 м). С глубиной быстро уменьшается и на глубине 0,35-0,45 м доходит до 0,85 %. Обеспеченность почвы опытного участка легкогидролизуемым азотом – низкая (31-35 мг/кг), подвижным фосфором (*по Мачигину*) – средняя (18-24 мг/кг), обменным калием в углеаммонийной вытяжке – повышенная (320 – 360 мг/кг).

Многими учеными почвоведами, да и вообще обычными земледельцами, было отмечено, что чем более «распылена» почва (горизонт, а пахотный горизонт, в отличие от более нижних генетических слоев, является наиболее «распыленным» в виду активного его использования в сельскохозяйственной практике), тем меньше в ней воздушного пространства и тем выше ее способность к чрезмерному уплотнению (самоуплотнению или техногенному уплотнению).

Действие гидрогеля как агроприем разуплотнения пахотного горизонта объясняется следующим образом: гранулы полимера, насыщаясь влагой, «притягивают» или точнее обволакиваются более мелкими фракциями почвенных отдельностей, склеиваются с ними и превращаются в агрегаты большего размера. Новообразованные структурные отдельности из-за наличия прочных соединительных межагрегатных связей (влагонасыщенная полимерная гранула действует как клеящее вещество) уже не так свободно распадаются.

На практике действие полимерного гидрогеля как средства разуплотнения пахотного горизонта было весьма успешным. Для эксперимента использовались гранулы гидрогеля трех фракций – Ø=0,5-2,0, 2,0-4,0 и более 4,0 мм. Внесение проводилось сеялкой СЗ-3,6 А в дозе 60 кг/га с последующим дискованием на глубину 0,0-0,2 м.

При этом установлено, что более мелкие фракции почвенного гидрогеля обладали повышенной способностью благоприятно влиять на плотность пахотного слоя (табл. 1).

Таблица 1

Параметры плотности пахотного горизонта при использовании полимерного гидрогеля, т/м^3.

Звено севооборота	Контрольный вариант	Размер гранул полимерного гидрогеля, мм		
		0,5-2,0	2,0-4,0	> 4,0
Пар	1,23	1,14	1,17	1,21
Озимая пшеница	1,28	1,21	1,23	1,26
Яровой ячмень	1,29	1,21	1,22	1,27

Как видно из таблицы 1, плотность на контрольных вариантах при стандартной технологии возделывания была значительно выше, чем при использовании полимерного гидрогеля, как агроприем разуплотнения пахотного горизонта. В трехпольном севообороте параметры плотности увеличивались от посева к посеву на протяжении всей ротации.

С другой стороны, при внесение полимерного гидрогеля, особым положительным разуплотняющим эффектом обладали гранулы меньшего размера – 0,5-2,0 и 2,0-4,0 мм. Они способствовали снижению показателя плотности пахотного слоя от 0,06...0,09 т/м^3 на паровом поле до 0,05...0,08 т/м^3 при возделывании сельскохозяйственных культур.

Фракции полимерного гидрогеля с диаметром гранул более 4,0 мм значительного эффекта разуплотнения не оказали, отметившись градациями улучшения на 0,02 т/м^3.

Таким образом, для обеспечения наилучших условий прорастания семян и питания растений, влагопоглощения и предотвращения чрезмерного переуплотнения пахотного горизонта земель сельскохозяйственного значения (что сильно влияет на весь комплекс сохранения и повышения плодородия почв), следует использовать полимерный гидрогель (органической природы) в регламентируемой дозе гранулированной формы 0,5-2,0 или 2,0-4,0 мм.

Литература

1. Кротинов А. Плотность почвы и пути ее снижении [Текст] / А. Кротинов, Н. Косолап // Всеукраинский журнал современного агропромышленника «Зерно». – 2012. - №3 (71). – С. 44-48.

2. Тибирьков А.П. Влияние полимерного гидрогеля и условий минерального питания на урожай и качество зерна озимой пшеницы на светлокаштановых почвах [Текст] / А.П. Тибирьков, В.И. Филин // Известия Нижневолжского агроуниверситетского комплекса: Наука и высшее профессиональное образование. – 2012. – №3. – С. 66-70.

3. Тибирьков А.П. Динамика формирования продуктивного стеблестоя растений озимой пшеницы на каштановых почвах юга России [Текст] / А.П. Тибирьков // Успехи современного естествознания. – 2013. - №1. – С. 166-167.

Ткач Д.С.
кандидат педагогических наук, доцент
Щипкова А.А.
аспирантка
Кубанский государственный университет
evdar_5@mail.ru

ТРАНСФОРМАЦИИ В РАЗВИТИИ КЛАССИЧЕСКОГО УНИВЕРСИТЕТА: ИСТОРИЧЕСКИЙ АСПЕКТ

На современном этапе осмысления развития системы высшего образования в России и процессов её реформирования объектом многих фундаментальных и прикладных исследований выступают трансформационные процессы университетского образования в целом, а в особенности идеи развития классического университета.

Классический университет сегодня, это зачастую переложение старых, но многими забытых идей представителей классической немецкой философии. Возникнув в проблематике определения универсального знания и путей его достижения, реальный университет во многом отвечал тем принципам, которые были заложены в его основу немецкими идеалистами. Однако сегодня классический университет находится в состоянии неопределенности. С одной стороны, наблюдается декларирование давно забытых принципов и невозможность им соответствовать, с другой – ориентация на культурно-исторические и социально-политические процессы, вследствие чего все взлеты и падения государства в полной мере находят свое отражение во взлетах и падениях университета.

Анализируя публикации о классических университетах, можно проследить две принципиально разные исследовательские позиции. Одни авторы пытаются осмыслить классический университет в его уникальности, выделить актуальные на данном этапе развития принципы, на которых должен основывать классический университет сегодня. Другие авторы утверждают необходимость следования гумбольдтовской модели классического университета, однако предметом исследования выбирают все типы университетов, сводя идею классического университета к идее высшего образования. Расхождение позиций находит свое отражение в различии данных о количестве классических университетов в России. Одни авторы ссылаются на данные Ассоциации классических университетов, согласно которым на сегодняшний день в России существует 43 классических университета. Другие авторы, ссылаются на национальный рейтинг вузов России, составленный международной информационной группой «Интерфакс», согласно которому цифра классических вузов увеличена вдвое и составляет чуть более 90 вузов.

Некоторые авторы, рассуждая о классических университетах, приводят общее количество вузов в России, ссылаясь на данные Министерства образования и науки РФ. Вышесказанное свидетельствует о том, что понимание идеи классического университета сегодня очень размыто, что побуждает с одной стороны, к поиску причин потери основополагающих принципов организации классических университетов, с другой – к актуализации принципов, соответствующих современности.

Идея классического университета возникает в период расцвета немецкой классической философии. Немецкие идеалисты (Кант, Шиллер, Шеллинг, Фихте) первыми осмыслили знание и обосновали его социальную функцию. В поле зрения философов попадает не только сугубо теоретические аспекты знания, но и его институционализация, что повлекло за собой решение ряда принципиальных вопросов: диалектика знания и исторической традиции, роль государства в воспитании человечества, роль знания в основах национального государства.

Началом развития идей классического университета эпохи модерна можно считать кантовский Университет Разума. Определяющая роль модели немецкого университета лежит в выделенных Кантом трех уровнях реализации мышления: индивидуальный исследователь, университет и академический мир. Причем основанием немецкой модели выступает уровень индивидуального исследователя, как искателя знаний, способного оспаривать традицию. Именно это положение лежит в основе выделения факультета философии главенствующим другие факультеты, в том числе три высших факультета: теологии, медицины и права. Критическая способность индивидуального исследователя соотносится с автономностью философии, поскольку она выносит суждения самостоятельно и основывается лишь на разуме. Философия ставит под сомнение традиционное знание, нередко основанное на суеверии, тем самым вторгаясь в область знания высших факультетов, критикуя их основания [3].

Со временем идея разума или идея универсального знания как основа модели классического университета, была трансформирована в идею культуры. Культура, по мнению немецких идеалистов, сочетала в себе единство всех форм знания (Wissenschaft – (нем.) наука, исследование) и процесс развития, культивирования характера (Bildung – (нем.) образование, возникновение, создание). Именно культуру В.Ф. Гумбольдт ставит основанием классического университета, выделяя исследование и преподавание, отражающие знание и образование. По мнению В.Ф. Гумбольдта, раскрытие идеи культуры и развитие индивида неразделимы. Местом их соединения выступает Университет. Согласно Фихте, в рамках идеи культуры, преподавание должно строится на свободном поиске знаний и описании процесса их приобретения, а не на сообщении фактов, которые можно подчерпнуть из книг самостоятельно.

Только таким образом возможен синтез образования как процесса индивидуального развития субъекта и открытия нового знания, его интеграции в науке.

В модели В.Ф. Гумбольдта устанавливаются четкие границы государственной власти над университетом – «... оно [государство] должно заботиться лишь о богатстве, жизнеспособности и многообразии духовной силы посредством отбора ученых, а также о свободе их деятельности» [2]. Таким образом, университет должен воплощать в себе свободное мышление как стремление к идеалу, а не инструмент государственной политики. Университет не приносит государству утилитарную пользу, не производит эффективных государственных слуг. Университет создает субъекта, овладевшего способами мышления, а не содержанием позитивного знания.

В англоязычном мире понимание культуры, лежащей в основе классического университета было значительно трансформировано. Если немецкая модель классического университета долгие годы сохраняла универсальность идеи культуры Гумбольдта, то английская модель в большей степени пошла по пути, намеченному Фихте. Фихте процесс воспитания определял в этнических терминах. Инструментом, с помощью которого в англоязычном мире этничность соотносилась с культурой, выступила национальная литература. Литература заменяет философию как инструмент сохранения этнической идентичности в противовес науке как технологии, предоставляющей собой угрозу в виде индустриализации. С другой стороны, специфика английской модели обусловлена слиянием церкви и государства, которое не позволяет противопоставлять культурное знание церкви, выступающей источников культурного единства. Как следствие, в английской, а затем и в англо-американской модели классического университета духовным центром университета и центром гуманитарных наук выступил факультет национальной литературы. Однако первоначальное главенство факультета философии до сих пор находит отголоски в системе ученых степеней –несмотря на область исследования (исключая теологию, право и медицину), исследователь получает степень доктора философских наук (Ph.D) [6].

Специфика английской модели университета нашла свое отражение во многих работах, среди которых наиболее влиятельной по сей день является работа Г.Дж. Ньюмена «Идея университета». В труде Ньюмена прослеживаются параллели с идеями классической немецкой философии, однако есть и существенные отличия. Если кантианская идея разума противопоставлялась традиции, то у Ньюмена традиция и есть основа университета, причем традиция, нашедшая свое воплощение в теологии. Теология выступает хранительницей устоев свободы и просвещения, позволяющих воспитать либеральную личность, опирающуюся на национальные традиции, личность «джентльмена» [5].

Пересекая Атлантику, английская модель классического университета претерпевает незначительные изменения. В силу исторических условий, возникает конфликт между исторической этничностью, на которую опирается идея культуры, и республиканским волеизъявлением. Этот конфликт снимается трансформацией традиции в канон. В США канон – это традиция, которую таковой считает американский народ, традиция, основанная на народном волеизъявлении. По сути, американский народ выбирает свою собственную историческую этничность путем свободного рационального выбора. В условиях республиканской демократии по другому быть не могло.

Со временем, литературный канон начинает терять свою функцию хранителя национального духа, в параллель с ослабеванием идеи национального государства. Наиболее ярким отражением упадка идеи культуры, основанной на национальной идентичности, выражено в идее культурной грамотности Э.Д. Хирша, которая исчерпывается тем, что должен знать каждый американец и что можно измерить стандартизированными тестами по культурной идентичности [6]. Набор фактов, необходимый каждому американцу, исключает один из ключевых элементов первоначальной идеи культуры, на которой основывался классический университет – образование. Классический университет стал «одноруким» – единство науки и преподавания как принцип, утратил свою значимость. Можно утверждать, что с этого момента университет претерпел окончательную трансформацию. Классический университет эпохи модерна превратился в постклассический университет постмодерна.

Трансформация исторически совпала с демографическим процессом, названным Х. Ортегой-и-Гассетом восстанием масс. В 40-60-е гг. массы хлынули за высшим образованием, что привело к необходимости создавать новые университеты. Много новых университетов. Общедоступность высшего образования привела к тому, что классический университет «потерялся» среди множества типов новых университетов.

Идея классического университета в России имела свой особый путь. В России первым университетом, наиболее соответствующим модели В.Ф. Гумбольдта, был Петербургский университет. Переходом от доклассической к классической модели Петербургский университет обязан графу С.С. Уварову. В 1819 г. Уваров внес в Устав университета изменения, отражающие идеи немецких идеалистов, однако не все принципы были заимствованы. После изменений Устава, Петербургскому университету отводилась роль центра развития науки, что позволяло по мнению графа сделать образование более успешным. «Цель университета, - пишет Уваров, - есть образование человека наукою, усовершенствование науки и образование гражданина, достойного служить Отечеству» [Цит. по: 1]. Принцип «образование человека наукой» дословно совпадал с гумбольдтовским принципом Bildung durch Wissenschaft. Идея свободы преподавания Уварову была не близка, так же, как и идея философского факультета как центра «чистой науки». Другим важным отличием является структура факультетов. Вместо привычных Европе факультетов философии, теологии, права и медицины, в Петербургском университете были организованы философско-юридический, историко-филологический и физико-математический факультеты. В целом, основание университета рассматривалось Уваровым не просто как элемент государственной политики, но как часть общественного развития, согласованная с потребностями людей в образовании и научной деятельности. Хоть и нельзя сказать, что гумбольдтовская модель университета была полностью принята, важнейшие принципы университета как центра науки, обучение через науку и единство науки и преподавания, были отражены в новом Уставе [1].

В дальнейшем, развитие идеи классического университета в России было весьма подорвано реформами Александра I. В частности, было введено получение студентами чинов по табелю о рангах. В результате, получение чина для студента имело гораздо большее значение, чем научная и образовательная деятельность, что в корне подорвало развитие университетов [4].

В советское время тенденция сближения российских университетов с моделью классических была полностью ликвидирована. Создаваемые в условиях Гражданской войны, научно-исследовательские институты при университетах, к концу 1920-х были переданы в ведомство Академии наук, что подрывает главный принцип гумбольдтовской идеи единства науки и преподавания. Одной из причин отделения науки от университета, был политический мотив – было необходимо отвлечь активных профессоров и ученых от преподавательской деятельности и влияния на студенчество. Советский университет был ориентирован на воспроизводство трудовых кадров, воспитанных в духе коммунизма. Постепенно среди высших учебных заведений появились новые типы – академии, институты, отраслевые вузы. В современной России эти различия были упразднены.

На новом этапе реформирования термин «образование», зачастую, рассматривается не в социально-культурном контексте, а преимущественно в экономическом контексте. Это обусловлено тем, что образование всё больше и больше становится товаром, циркулирующим на рынке образовательных услуг, и «уже рассматривается не столько как совокупность навыков, отношений и ценностей, нужных для выполнения гражданских обязанностей и эффективного участия в росте благосостояния общества, сколько (и во все большей степени) как товар, приобретаемый потребителем и позволяющий сформировать «систему навыков», которыми можно воспользоваться на рынке или создавать нечто такое, что захотят приобрести (продать) многонациональные корпорации, академические институты, трансформировавшиеся в предпринимательские структуры, или какие-либо другие провайдеры» [8,68]. Это отчасти обусловлено тем, что идеи классического университета как в России, так и на Западе, объединены общей тенденцией – дифференциацией университетского образования под воздействием рынка труда, выхолащивание идеи культуры из идеи университета, переход от универсальных к утилитарным целям высшего образования. Распространение капитализма трансформировало образование из ценности в услугу. Однако, эта же дифференциация образования позволяет конкретным учебным заведениям самостоятельно определять свою миссию, в т.ч. через определение своей рыночной ниши. Но может ли идея классического университета соотносится с утилитарными ценностями рынка? Очевидным образом, нет.

Проведенный исторический экскурс показывает, что помимо собственных принципов и целей, классический университет всегда явным или неявным образом поддерживал идею национального государства. Несмотря на то, что в современной России нет выраженной идеи государственности – национальной или какой бы то ни было еще, классический университет может способствовать решению ряда очевидных государственных проблем: кризис науки и культуры, развитие наукоемких технологий. Та роль, которая была отведена классическому университету классиками немецкой философии, роль центра науки и образования, объединяемых Культурой, по сей день не теряет своей актуальности.

Литература:

1. Андреев А.Ю. Российские университеты XVIII – первой половины XIX века в контексте университетской истории Европы. М.: Знак, 2009. 640 с.
2. Гумбольдт В. О внутренней и внешней организации высших научных заведений в Берлине // Современные стратегии культурологических исследований: Труды Ин-та европейских культур. Вып. 1. М.: РГГУ, 2000. С. 73-74.
3. Кант И. Спор факультетов // Собрание сочинений в 6 т. Т. 7. М.: Чоро, 1994.
4. Муравьева М. Классический университет: традиция или архаика? [Электронный ресурс] // Наука и технологии РФ. – URL: http://www.strf.ru/material.aspx?CatalogId=221&d_no=26270 (дата обращения: 17.05.2013).
5. Ньюмен Дж.Г. Идея университета. – Минск: БГУ, 2006. 208 с.
6. Ридингс Б. Университет в руинах / М.: Высшая школа экономики, 2010. 304 с.

7. Филиппов В.М. Многомерные социальные измерения университетов классического типа // Высшее образование сегодня. 2009. № 8. С. 4-7.

8. Филип Г. Знание и образование как международный товар: крушение идеи общественного блага // Alma Mater.2002.2007. с.68-72.

Социологические науки

Крохмальный В.В.
студент магистратуры Северо-Кавказского федерального университета

ВОПРОСЫ РЕАЛИЗАЦИИ МЕРОПРИЯТИЙ КРАЕВОЙ ПРОГРАММЫ «ПРОГРАММА МОДЕРНИЗАЦИИ ЗДРАВООХРАНЕНИЯ СТАВРОПОЛЬСКОГО КРАЯ НА 2011-2013 ГОДЫ»

В связи с развитием роста производства, совершенствования и создания новых технологий, промышленных предприятий, автотранспорта, испытаний ядерного оружия, чрезмерного применения минеральных удобрений и пестицидов, а так же других проблем современного общества все более важным ставится вопрос здравоохранения.

По важнейшим показателям здоровья населения Россия уступает многим странам, а одной из главных причин такого положения названа «неэффективность отечественного здравоохранения» (из послания Президента Российской Федерации В.В. Путина Федеральному Собранию РФ). Состояние здоровья населения России, неблагоприятная демографическая ситуация в регионах, недостаточная эффективность системы отечественного здравоохранения требуют ресурсных инвестиций и, в большей степени, кадровых ресурсов.

В данной статье мне хотелось бы рассмотреть как решается проблема модернизации здравоохранения в Ставропольском крае на примере реализации мероприятий краевой программы «Программа модернизации здравоохранения Ставропольского края на 2011-2013 годы»

По задаче 1 «Укрепление материально-технической базы учреждений здравоохранения» предусмотрены средства в сумме в сумме 4 608,5 млн. рублей. Кассовый расход по оперативным данным медицинских организаций на 1 июня 2013 года составил 4 553,5 млн. рублей или 98,8% от плана.

По мероприятию 2.2 «Проведение капитального ремонта» предусмотрены средства в сумме, превышающей 2 миллиарда 340 миллионов рублей, с учетом изменений, внесенных в Программу. Кассовый расход по оперативным данным на 1 мая 2013 года составил 2 176,9 млн. рублей или 93% плана.

Ремонтные работы проводились в 83 учреждениях на 353 объектах.

В результате реализации данного мероприятия значительная часть зданий и помещений учреждений здравоохранения края были приведены в соответствие с действующими санитарно-эпидемиологическими и противопожарными нормами, улучшилось медицинское обслуживание пациентов профильных учреждений в соответствии с приоритетными направлениями Программы таких как: кардиология, онкология, туберкулез, психиатрия, инфекционные заболевания. Особое внимание уделено учреждениям детства и материнства, на которые было выделено 40% (775,6 млн. руб.) от средств, предусмотренных на капитальный ремонт в 2011 -2012 годах.

Введено 336 объектов в 81 учреждении.

По мероприятию 2.4 «Оснащение оборудованием» на укрепление материально-технической базы учреждений здравоохранения в части приобретения медицинского оборудования предусмотрены средства в сумме 2 268,3 млн. рублей, с учетом изменений, внесенных в Программу. Кассовый расход составил на 1 мая 2013 года 2 148,9 млн. рублей или 95% плана.

Всего в реализации данного мероприятия приняло участие 92 учреждения здравоохранения, в том числе 22 государственных и 70 муниципальных.

За два года учреждениями здравоохранения изначально планировалось приобрести 7789 единиц оборудования и 211 автомобилей для оказания скорой медицинской помощи. Сложившаяся экономия по закупкам позволила увеличить эти цифры до 11032 единиц оборудования и 253 автомобилей.

В рамках реализации Программы внедрена на территории Ставропольского края система дистанционной передачи и анализа ЭКГ, целью которой является снижение смертности от сердечно – сосудистых заболеваний. Для этого в Программе были предусмотрены средства в размере 21 млн. руб.

Также все автомобили скорой медицинской помощи оснащены навигационным оборудование ГЛОНАСС.

В 2013 году приобретено два мобильных комплекса для проведения ежегодной диспансеризации взрослого населения и детей, стоимостью более 10 млн. рублей каждый

Все это позволило поднять на более высокий уровень оказание медицинской помощи жителям Ставропольского края.

Не смотря на проведенные масштабные мероприятия по оснащению учреждений здравоохранения медицинским оборудованием в рамках реализации приоритетного национального проекта «Здоровье», а также программы модернизации здравоохранения, только около 70% учреждений здравоохранения края соответствуют по своему материально-техническому оснащению вновь разработанным Министерством здравоохранения Российской Федерации порядкам и стандартам оказания медицинской помощи,

В 2013-2015 годах планируется продолжить совершенствовать материально-техническую базу здравоохранения, а именно приведение ее в соответствие со стандартами и порядками оказания медицинской помощи, утвержденными Министерством здравоохранения Российской Федерации. На эти цели в бюджете края предусмотрены средства более 1 млрд. руб.

По задаче 2 «Внедрение современных информационных систем в здравоохранении» были предусмотрены средства в сумме 402,6 млн. рублей. На сегодняшний день проведена оплата оставшегося контракта на сумму превышающую 93 миллиона рублей по автоматизации 2625 рабочих мест медицинских работников.

В рамках реализации мероприятий задачи 2 краевой программы "Программа модернизации здравоохранения Ставропольского края на 2011-2013 годы" создан региональный фрагмент единой государственной информационной системы в сфере здравоохранения Ставропольского края. Для доступа к данному информационному ресурсу из лечебно-профилактических учреждений **сделано следующее:**
1. Построена ведомственная широкополосная сеть передачи данных, которая обеспечена оборудованием, позволяющим выполнять шифрование данных.
2. Создан центральный архив медицинских изображений, представляющий собой единое централизованное хранилище медицинских изображений, к которому уже имеют доступ все лечебно-профилактические учреждения Ставропольского края.
3. Созданы или модернизация локальные вычислительные сети в 57 лечебно-профилактических учреждениях.

Автоматизировано более 3000 тысяч рабочих мест медицинских работников персональными компьютерами типа "тонкий клиент", приобретено 1335 принтеров, 529 многофункциональных устройств, 42 инфомата.

Все это сделано для реализации возможности осуществлять предварительную запись на первичный амбулаторный прием к врачу через региональный сервис Электронная регистратура региона или портал государственных услуг.

На сегодняшний день сервис электронной записи на прием к врачу функционирует. Электронная запись ведется в 50 медицинских организациях. В среднем за неделю производится более 5000 записей в электронном виде на прием к врачу.

В настоящее время количество пациентов, записанных на прием через электронную регистратуру с января по май включительно составляет 217488 человек. С мая по 1 июня 2013 года было произведено 54818 записей.

Нашим дальнейшим шагом станет внедрение до конца текущего года электронной медицинской карты пациента, что позволит полностью перейти на ведение медицинской документации в электронном виде.

Коротаева Т.В., Жирнова К.В.

Коротаева Татьяна Васильевна – кандидат исторических наук, доцент, место работы – Самарский Государственный Экономический Университет

Жирнова Кира Вячеславовна – студент-магистрант, место учебы – Самарский Государственный Экономический Университет

Адреса электронной почты - corotaeva2014@yandex.ru; kira-vzh@mail.ru

МЕНТАЛИТЕТ И СИСТЕМА ЦЕННОСТЕЙ РОССИЙСКОЙ И ЗАПАДНОЙ МОЛОДЕЖИ: СРАВНИТЕЛЬНЫЙ АНАЛИЗ

В данной статье будет рассматриваться специфика менталитета, ценностей, интересов современных молодых людей в России и на Западе, а также будет проведен сравнительный анализ, определяющий сходства и различия между молодежью России и Западных стран.

«Стоит отметить, что в США и странах западной Европы имеется сложивший жизненный уклад, общественный и государственный строй, существующий уже долгие десятилетия. Когда как Россия до сих пор находится в состоянии переходного периода, связанного со становлением нового общества. По этой причине менталитет современных россиян, а особенно молодых людей в возрасте от 18 до 30 лет, еще нельзя назвать до конца сложившимся. Он меняется наряду с ситуацией, происходящей в государстве.

Итак, в рамках процесса выделения основных особенностей менталитета молодых россиян, мы приведем результаты социологических исследований, проводившиеся 10 лет назад (2002-2003 годы), а также данные современных опросов. Таким образом, мы увидим, что изменилось во взглядах, ценностях и приоритетах россиян в течение последнего десятилетия.

В начале 2000-х годов Россия начала адаптироваться к требованиям современного информационного общества. Степень успешности этой адаптации во многом определяется особенностями психологии и социального положения молодежи.

Как показали результаты репрезентативного социологического исследования, проведенного сотрудниками НИИКСИ в Петербурге в начале 2002 года, структура ценностных ориентаций молодых россиян в возрасте от 18 до 30 лет выглядела следующим образом: семья (выбрало 70% опрошенных) – для подавляющего большинства опрошенных важнейшей составляющей являлось построение семьи и воспитание детей, а карьера и другие жизненные аспекты (друзья, прочие увлечение) отходят на второй план; друзья (49%), здоровье (48%) - около 50 % опрошенных считали важными компонентами наличие друзей и здоровье; интересная работа (43%) – относительно немалый процент ориентировался на интересную работу. Однако стоит заметить, что этот аспект сам собой не подразумевает важность успешной карьеры и материального благополучия, а скорее говорит о наличие работы, которую будешь любить и выполнять с удовольствием; деньги (35%) – около трети опрошенных опирались на материальное и благополучия и считают, что к нему надо постоянно стремиться; справедливость (19%); вера (9%).

Наконец, довольно незначительный процент отдает предпочтение иным жизненным аспектам, имеющим скорее общественный, нежели личный характер. Как правило, в этот процент входят политические и общественные деятели». [3,52]

Такой была российская молодежь 10-ти летней давности. Но за последние годы ситуация изменилась, и всё больший процент молодежи, особенно мужчин, стал больше тяготеть к карьере и материальному благополучию. То есть менталитет российской молодежи стал более близок к западному.

«Об этом свидетельствуют результаты социологических опросов, а также выдержки из статей и монографий современных студентов. Приведем в пример некоторые из них:

1. Отрывок из статьи молодой журналистки в студенческой газете университета Московского Авиационного Института (МАИ):

«Миф о том, что мужчина должен посадить дерево, построить дом и вырастить сына, давно канул в Лету. Сейчас ему необходимо получить диплом о высшем образовании, заработать много денег, купить машину и квартиру, позаботиться о карьерном росте, ну и, может быть, годам к 30 задаться вопросом: а где же дети?»

2. Пишет уже студентка в этой же газете:

«После окончания института я начну строить карьеру, накоплю на квартиру и дорогую машину, выйду замуж, а затем обязательно рожу ребенка».

3. Другой студент пытается объяснить причины, по которым так сильно изменились ценности и приоритеты молодых людей за последние годы:

«Несомненно, современное поколение сильно отстранено от духовной стороны культуры. Мне кажется, что все это происходит потому, что с развитием материальной стороны, которая в нынешнее время имеет огромное превосходство над духовной стороной, наше поколение перестает ценить элементарные духовные правила. … Мы живем в такое время, когда нам приходится ко всем окружающим относиться с пренебрежением. То есть эта проблема заставляет нас просто-напросто бояться себе подобных. Она оказывает сильное влияние на подсознание с самого раннего возраста человека, делая его жадным, скупым и циничным». [4,28]

Наконец, стоит привести некоторые статистические данные. Согласно социологическим опросам последних лет примерно 70-75% студентов делают именно на построении карьеры после окончания университета. Они ставят себе цель: достичь определенных высот в карьере, заниматься постоянным самообразованием и совершенствованием, добиться определенного материального благополучия. И только 25-30 % считают, что самое важное - это создать новую ячейку общества, то есть обзавестись семьей.

Следует подчеркнуть, что если несколько лет назад слово «карьерист» носило в России отрицательный характер, то сейчас под этим понятием подразумевают целеустремленного человека, нацеленного на будущий успех.

Итак, теперь проведем небольшой сравнительный анализ систем ценностей российской и западной молодежи.

Для этого следует немного сказать о приоритетах западной молодежи. Значительный процент молодых людей на Западе также ориентирован на построение успешной карьеры. В особенности этот приоритет доминирует у мужчин, однако процент девушек, желающих стать успешными в профессии также ежегодно растет. Об этом говорит большой процент поздних браков и родов. Так, для среднестатистической американской или западноевропейской семьи абсолютно нормальная ситуация, когда первый ребенок рождается у 35-ти летних родителей.

Можно заключить, что ценности российской и западной молодежи примерно одинаковые. Так в чем же различия между ними? Различия можно наблюдать именно в менталитете, который главным образом закладывается государственной политикой, проводимой в отношении молодежи.

«2000-е годы в западных странах идут под лозунгом: «Молодежь – это Мы!». Современная молодежная политика европейских стран основывается на двух направлениях: увеличение занятости молодежи и активная борьба с безработицей, а также образовательная политика и профессиональная подготовка молодых людей. Причем вовлечение человека в данные процессы начинается с раннего возраста.

Подводя итог вышесказанного, можно сделать вывод, что цель современной МП в европейских странах – бесконфликтная интеграция молодых людей в общество. За 10-12 лет пребывания в молодежной возрастной группе необходимо овладеть профессиональными навыками, усвоить свои права и обязанности, пройти курс гражданского и нравственного воспитания. Таким образом, во взрослую жизнь молодой человек входит как уже сформировавшаяся, полноценная и сознательная личность.

Как видно из хронологии развития МП в зарубежных странах, отличительной чертой западной молодежной политики также является ее нацеленность на молодежь в целом, а не только на ее «проблемную» часть.

Государственная молодежная политика России имеет существенный ряд отличительных особенностей по сравнению с зарубежным опытом в данной области.

Основными направлениями молодежной политики современной России являются: духовно-нравственное воспитание (в частности через развитие чувства патриотизма) и информирование молодежи о потенциальных возможностях развития.

Следует отметить, что такой подход к МП не охватывает все 100% молодого поколения страны. Он нацелен лишь на ее малую часть - наиболее активную и дееспособную, а также ограниченную возрастными рамками (в отличие от европейской молодежной политики, которая базируется на вовлечении молодежи с малых лет). Фактически незащищенные слои молодого поколения (лица с ограниченными возможностями), а также менее активные на своем этапе развития молодые люди - остаются в стороне, пополняя ряды маргинальных элементов». [2,25]

Государство на Западе помогает молодым людям успешно войти во взрослую жизнь, но, однако, очень многое зависит от самого человека. Главным образом, люди сами строят свой успех, добиваясь карьерных вершин упорным трудом и талантами. А государство лишь поддерживает этих процесс.

Если говорить о России, то в нашей стране очень многое в будущем молодых людей играют связи с «нужными» людьми. Это значительно портит менталитет российской молодежи. То есть, если студент имеет влиятельных родителей, родственников и знакомых, он уже рассчитывает на то, что хорошая работа, «сытая» жизнь и успешная карьера ему обеспечены. В то время как на Западе дети очень состоятельных родителей с 16-18 лет сами зарабатывают себе на жизнь, настраиваются на упорный труд наряду с остальными. Как известно, в западных странах, особенно в Европе, очень распространено такое явление как семейный бизнес, передающийся через поколения. Многие дети после учебы продолжают работать в бизнесе своих родителей, но они именно работают, трудятся, а не сразу получают хорошие должности и тратят деньги.

Мы видим, что и в России, и на Западе подавляющее число молодых людей нацелено на карьеру. Но теперь мы можем увидеть различия в их менталитете. Далеко не все в нашей стране рассчитывают построить эту карьеру за счет собственной работоспособности и талантов. В то время как большой процент умной и способной российской молодежи, не имеющей связей, испытывают проблемы с трудоустройством. Отсюда, как следствие увеличивается процент стремящихся уехать за границу. «По данным социологического опроса ВЦИОМ, за последние 20 лет доля россиян, желающих эмигрировать, выросла с 5% до 21%. Наибольший эмиграционный потенциал у 18-24-летних (39%), высокообразованных респондентов (29%), а также активных пользователей интернета (33%).»[1,32]

Еще одна очень важная часть менталитета – гуманность. Этого качества также недостает нашей молодежи. Но нельзя ее в этом винить, так как этот недостаток также можно объяснить политикой государства. В России мало внимания уделяется людям с ограниченными возможностями, в то время как на Западе делается все, чтобы они чувствовали себя полноценными членами общества. Среди студентов часто проводятся опросы об их отношении к инвалидам. «Как результат следующая статистика: около 70% российских студентов считают, что людей с ограниченными возможностями нужно изолировать от общества, 80% не хотели бы иметь инвалида своим родственником, 50% - коллегой, 40-45 % - соседом и подчиненным, в то время как на Западе 90 % считают, что инвалиды ничем не должны отличаться от полноценных граждан». [5,45]

В заключении стоит отметить, что, несмотря на некоторые различия, ценности и менталитет россиян все больше приближается к западному. Современное поколение все больше стремиться к индивидуализму, отходит от коллективистских ценностей, воспитанных у предыдущих поколений в нашей стране.

Литература:

1. Дедов Л. Российская и западная системы мотивации труда: сущностные различия.- Москва, 2010, стр. 30-32
2. Зеленкова М.М. Особенности молодежной политики в России и зарубежных странах // сборник «Современные научные исследования и инновации», № 3. – Москва, 2012, стр. 25
3. Лисовский В.Т. Духовный мир и ценностные ориентации молодежи России и Санкт-Петербурга. – СПб.: 2011, стр. 52
4. Семенов В.Е. Типология российских менталитетов и имманентная идеология России//сборник «Социальная психология в трудах отечественных психологов». - СПб.: 2012, стр. 28
5. Соколов А.В. Культура и личность. – СПб.: 2010, стр. 45

[1]**Пачурин Г.В.**, [2]**Власов В.А.**
[1]д-р техн. наук, профессор; [2]канд. техн. наук, доцент; Нижегородский государственный технический университет им. Р.Е. Алексеева;
e-mail: PachurinGV@mail.ru, http://www.famous-scientists.ru/1238

ПРОГНОЗИРОВАНИЕ СОПРОТИВЛЕНИЯ УСТАЛОСТИ ДЕФОРМИРОВАННЫХ МАТЕРИАЛОВ

Процесс разрушения металлических материалов под воздействием циклических нагрузок существенным образом зависит от структуры материала, обусловленной предварительной технологической обработкой, а также условий испытания (например, среда и амплитуда напряжения) [1,17; 2,39].

Хотя изучению механизмов коррозионной усталости посвящены работы многих отечественных и зарубежных авторов, в настоящее время нет единой точки зрения на процесс коррозионно-усталостного разрушения материалов. Сопротивление коррозионной усталости зависит от ряда факторов, например: частоты циклического нагружения; времени (длительности) коррозионного воздействия; величины электродного потенциала поверхности металла, смещающегося в результате пластической деформации в отрицательную сторону; истинной (локальной) амплитуды пластической деформации; склонности металлов к окислению, наличия и скорости образования пассивного слоя; коэффициента концентрации напряжений, обусловленной шероховатостью поверхности и дефектностью материала, вызванных, в том числе, и предварительной технологической обработкой, в частности пластическим деформированием; изменения плотности (поврежденности, характера дефектности) поверхности материала при циклическом нагружении.

Существующие гипотезы развития процессов коррозионной усталости позволяют определенным образом объяснить снижение сопротивления усталостному разрушению, однако не в состоянии предсказать влияние предварительного пластического деформирования на изменение их коррозионной долговечности.

Критерии оптимизации технологических процессов обработки и прогнозирования циклической долговечности широкого класса металлических материалов в коррозионной среде в литературе не рассматриваются. В связи с этим без предварительного эксперимента дать достаточно надежную оценку влияния коррозионной среды на циклическую долговечность пластически деформированных металлов и сплавов.

Ранее нами было исследовано влияние термической и пластической (объемной и поверхностной) обработки конструкционных материалов различных классов (стали аустенитной, феррит-перлитной, трооститосорбитной, мартенситно-аустенитной и мартенситной структурой, а также медные, алюминиевые и титановые сплавы [3,30;4,21; 5,7]) на кинетику структурной повреждаемости и циклическую долговечность на воздухе и в коррозионной среде. Получены уравнения кривых усталости и вероятностные кривые распределения циклической долговечности металлов и сплавов с разной структурой после термической, и объемной деформации, на основании которых впервые выявлено немонотонное влияние степени предварительной деформации на коррозионную долговечность. Были выявлены закономерности накопления повреждений и интенсивности их развития в процессе испытаний после различных режимов объемной и поверхностной пластической обработки, влияющие на долговечность в коррозионной среде конструкционных материалов в различном структурном состоянии.

На основании анализа конкуренции двух процессов - вероятности возникновения и увеличения числа дефектов в процессе коррозионной усталости и уменьшения их вследствие релаксационных процессов, разработана физико-математическая модель зависимости коррозионной долговечности деформационно-упрочненных металлов и сплавов от различных параметров: коэффициент концентрации напряжений; интенсивность коррозионных процессов; значение электродного потенциала материала; частота циклического нагружения; энтальпия активации процесса циклического разрушения; время коррозионного воздействия; истинная (локальная) амплитуда деформаций; величина истинной геометрической протяженности профиля поверхности; плотность металла (поврежденность, дефектность поверхности) при циклическом нагружении и т.д. [4,25].

Эффект снижения долговечности в коррозионной среде технологически деформированных конструкционных материалов при адекватных условиях фактически оценивается двумя параметрами: смещением стандартного электродного потенциала и показателем упрочнения при статическом растяжении материала после его технологической пластической обработки. А так как эти параметры имеют однонаправленное действие, то при прочих равных условиях чувствительность деформированных металлических материалов к коррозионно-усталостному разрушению можно оценивать по изменению величины показателя степени деформационного упрочнения при статическом нагружении.

При этом снижение величины показателя деформационного разрушения при статическом нагружении в результате предварительной пластической обработки материала в области равномерных деформаций должно обусловливать повышение сопротивления коррозионно-усталостному разрушению.

Следовательно, эффект влияния структуры и свойств после пластической деформации на относительные изменения циклической долговечности металлов и сплавов в коррозионной среде по сравнению с долговечностью на воздухе при прочих равных условиях можно оценивать по величине показателя деформационного упрочнения при статическом нагружении: снижению в результате пластической обработки величины показателя упрочнения должно соответствовать повышение относительной коррозионной долговечности.

Это подтверждается результатами экспериментальных исследований относительного изменения долговечности ряда конструкционных материалов в среде 3%-го водного раствора морской соли от изменения их способности к деформационному упрочнению при статическом нагружении под воздействием пластической обработки [2,40; 6,7].

Так пластическая обработка материала, которая приводит к понижению величины показателя в уравнении кривой деформационного упрочнения при растяжении, обусловливает уменьшение чувствительности металлических материалов к воздействию коррозионной среды и повышение их сопротивления коррозионно-усталостному разрушению.

Для того чтобы оценить целесообразность той или иной технологической обработки с целью повышения сопротивления коррозионной усталости различных металлических материалов, необходимо проследить ее влияние на величину показателя деформационного упрочнения при статическом растяжении.

Литература

1. Пачурин Г.В. Повышение коррозионной долговечности и эксплуатационной надежности изделий из деформационно-упрочненных металлических материалов: учеб. пособие для студентов вузов / *Г.В. Пачурин*; НГТУ. – Н. Новгород, 2005. 132 с.

2. Пачурин, Г.В., Пачурин К.Г., Власов, В.А. К вопросу о выборе штамповочного оборудования // Тяжелое машиностроение, 2005. № 10. С. 38-40.

3. Пачурин Г.В. Долговечность на воздухе и в коррозионной среде деформированных сталей // Технология металлов, 2004. № 12. С. 29-35.

4. Пачурин, Г.В. Долговечность штампованных конструкционных материалов на воздухе и в коррозионной среде // Заготовительные производства в машиностроении. 2003. № 10. С. 21- 27.

5. Пачурин Г.В., Пачурин К.Г. Усталостное разрушение металлов и сплавов // Технология металлов, 2005. № 5. С. 7-11.

6. Пачурин Г.В. Эксплуатационная долговечность пластически обработанных сталей и сварных соединений // Кузнечно-штамповочное производство. Обработка материалов давлением, 2004. № 12. С. 3-8.

[1]**Пачурин Г.В.**, [2]**Щенников Н.И.**
[1]д-р техн. наук, профессор; [2]аспирант;
Нижегородский государственный технический университет им. Р.Е. Алексеева;
e-mail: PachurinGV@mail.ru, http://www.famous-scientists.ru/1238

КОМПЛЕКСНЫЙ ПОДХОД К ПРОФИЛАКТИКЕ НЕСЧАСТНЫХ СЛУЧАЕВ

На подавляющем большинстве предприятий России анализ производственного травматизма производится на основе расчета так называемых *стандартных показателей несчастных случаев* – коэффициентов частоты, тяжести несчастного случая и некоторых других. Их расчет, хотя и позволяет ориентировочно оценить степень опасности системы, тем не менее, не дает информации о характере возможных несчастных случаев, их последствиях и т.д., а значит, практически бесполезен при решении проблемы активного управления безопасностью.

Научно-технический прогресс, сопровождающийся возрастанием энергетического потенциала производственных комплексов и систем, применением новых энерго-, материало- и наукоемких технологий требует новых, более полных представлений о производственном травматизме различных опасностях технических систем, а также переоценки старых и выработки новых критериев и факторов оценки и профилактики травматизма.

Возникает вопрос перехода к оптимизации задач активного управления профилактикой производственной безопасности. Исходя из императива профилактики, современной наукой постулируется приоритет профилактической работы, в том числе и по предупреждению производственного травматизма, являющейся одним из главных моментов повышения уровня безопасности существующих «человеко-машинных» систем.

Для разработки адекватных профилактических мероприятий по снижению травматизма необходимо располагать достоверными данными в конкретном регионе (предприятии, цехе и т.д.) и в конкретное время, чему должно соответствовать грамотное, квалифицированное и непредвзятое расследование несчастных случаев на производстве [1,8; 2,10]. Иначе, кроме неправильных выводов по причине конкретного несчастного случая и мероприятий по устранению его последствий, могут быть разработаны неадекватные мероприятия по профилактике подобных несчастных случаев.

Анализ отечественной, и зарубежной литературы показал актуальность дальнейшего изучения проблем и причинно-следственных связей травматизма и успешного развития производства на современном этапе. При этом остаются не полностью решенными вопросы организации регистрации и анализа травм, профилактики несчастных случаев.

Известно, что только 4% всех нарушений совершается по вине исполнителей, а остальные 96% – по вине менеджмента, не выявившего конструктивных и технологических упущений, не использовавшего все возможности для обучения персонала, предупреждения исполнителей о возможностях их ошибок [3,76]. Безосновательные обвинения большинства исполнителей вызывают чувство недовольства и даже протеста, что объективно противоречит одной из основных целей управления персоналом, а именно, убедить исполнителей работать высокопроизводительно и безопасно, тем самым способствуя процветанию предприятия и личному благополучию. Достичь этого можно только, если поставить максимальную задачу: добиться того, чтобы все без исключения работники предприятия выполняли требования правил и инструкций по охране труда.

Безопасный труд – в значительной мере проблема психологическая. Это подтверждает международная статистика, которая свидетельствует, что причинами травматизма 4% составляют опасные условия труда, а 96% – опасные действия, так называемый человеческий фактор.

Однако далеко не каждое нарушение правил безопасности влечет за собой несчастный случай. Это и имеет отрицательную сторону. Человек, однажды безнаказанно нарушив правила и получив за счет этого какой-то выигрыш в труде, потом в поиске новых выгод будет снова повторять подобные нарушения. Так постепенно люди привыкают действовать с нарушениями правил, не задумываясь над тем, что данное нарушение может рано или поздно завершиться несчастным случаем.

Таким образом, существует целый ряд объективных причин, способствующих росту числа и тяжести несчастных случаев. Изучение этих причин, познание некоторых из них способствуют их устранению, противодействуют росту травматизма.

Известно, что частота возникновения травматизма на предприятиях подчиняется закономерности, напоминающей пирамиду, у которой в основании лежат риски, имеющие место на производстве, далее микротравмы и т.д. Статистика показывает, что если на предприятии происходит смертельный случай, то в его основе лежат от тысячи до нескольких десятков тысяч опасных условий. В основании этой пирамиды лежат нерегистрируемые нарушения, выше – легкие травмы, еще выше – травмы с временной утратой трудоспособности, а ближе к вершине – происшествия с тяжелыми последствиями и, наконец, смертельный случай.

Таким образом, профилактика травматизма связана именно с работой на базовом уровне данной пирамиды, то есть с нормализацией ноксосферы.

Главной и наиболее трудно разрешимой проблемой в этом плане является то, что работники предприятия заинтересованы в сокрытии фактов травматизма или переквалификации их на менее тяжкие, поскольку несут за них персональную ответственность.

При разработке мероприятий по профилактике травматизма актуальным становится вопрос разработки таких моделей управления охраной труда на предприятии, в которых центр тяжести был бы смещен с процедур внешнего контроля со стороны вышестоящего руководства и контрольных органов в сторону внутренней самооценки (самообследования) [4,69], где опять-таки решающим становится психологический, то есть человеческий фактор.

Статистика и динамика несчастных случаев на производстве и профзаболеваний должны накапливаться и тщательно анализироваться. Однако целью и результатом такого анализа должны быть не поиск и наказание виновных (а чаще невиновных), а улучшение менеджмента, совершенствование системы промышленной безопасности и охраны труда. Главенствующим фактором при этом должен быть не страх, а положительная мотивация в действиях людей.

При разработке плана профилактических мероприятий по предупреждению травматизма важным аспектом является не только перечень их, но и ранжирование, то есть определение степени весомости вклада каждого мероприятия в состояние условий труда.

Таким образом, разработка модели, улучшающей качество работы предприятия в области профилактики травматизма на базе проведения самооценки, позволит оценить исходное состояние профилактической работы, определить сильные и слабые стороны, нуждающиеся в улучшении, и разработать адекватный план мероприятий по предупреждению производственного травматизма.

Литература

1. Несчастные случаи на производстве. Методика проведения расследования: учеб. пособие / Н.И. Щенников [и др.]; Нижегород. гос. техн. ун-т им. Р.Е. Алексеева. – Н. Новгород, 2012. 219 с.
2. **Пачурин, Г.В.** Производственный травматизм. Монография / Г.В. Пачурин, Т.И. Курагина, Н.И. Щенников. – Издатель LAP LAMBERT Academic Publishing GmbH & Co. KG, Germany. 2012. 201 с.
3. **Щенников, Н.И.** Сертификация работ по охране труда в Нижегородской области / Н.И. Щенников, Г.В. Пачурин, Т.И. Курагина // Охрана труда. Практикум. 2007. №2. С. 75-78.
4. Совершенствование профилактики несчастных случаев на производстве: монография / Н.И. Щенников, Г.В. Пачурин, Т.И. Курагина, Н.А. Меженин; под ред. Г.В. Пачурина; Нижегород. гос. техн. ун-т им. Р.Е. Алексеева. – Нижний Новгород, 2013. – 92 с.

Яхин Р.Г., Самигуллина Н.А.*, Яхин Р.Р. **
доктор технических наук, Казанский национальный исследовательский технический университет им. А.Н.Туполева, Россия
*аспирантка, Институт проблем экологии и недропользования Академии наук Республики Татарстан, Казань, Россия
**врач-хирург, Минздрав. РТ ГАУЗ « Межрегиональный клинико-диагностический центр»

СПЕКТРАЛЬНОЕ ИССЛЕДОВАНИЕ ВЛИЯНИЯ СВЧ - ИЗЛУЧЕНИЯ НА ПИЩЕВЫЕ ОТХОДЫ

В настоящее время становится все более актуальными вопросы изучения состояния окружающей среды и разработка новых технологий, обеспечивающих получение качественной безопасной продукции в современном сельском хозяйстве и пищевой промышленности [1]. В связи с этим широкое распространение для регуляции жизнедеятельности растений получили физические факторы воздействия [2]. Прежде всего, это различные виды излучений, электрические и магнитные поля и др. Использование в этих целях физических методов является более перспективным направлением, так как они отличаются высокой технологичностью, эффективностью, производительностью. Так, например, использование радиационных излучений в растениеводстве открыло новые, широкие возможности для изменения обмена веществ у сельскохозяйственных растений, повышения их урожайности, ускорения развития и улучшения качества [3,4]. В результате исследований радиобиологов было установлено, что ионизирующая радиация является мощным фактором воздействия на рост, развитие и обмен веществ живых организмов [5].

Воздействие электромагнитного излучения любого вида на любой биологический объект начинается с поглощения энергии излучения, что сопровождается возбуждением молекул, их ионизацией и образованием свободных радикалов. Одним из методов, позволяющих получать прямую информацию о составе облученных органических веществ, о наличии в них свободных радикалов и определение дозы облучения, является метод электронного парамагнитного резонанса (ЭПР) [6].

Метод ЭПР обладает очень высокой чувствительностью и, не нарушая структуры исследуемого вещества, дает многообразную оригинальную информацию о строении веществ, содержащих свободные радикалы (СР) [7]. Свободные радикалы благодаря большому запасу энергии и своей высокой активности играют центральную роль в химических реакциях [8].

С целью изучения облученных органических веществ и установления наличия в них свободных радикалов были исследованы образцы отходов предприятий агропромышленного комплекса (АПК), которые используются в рационах животных.

Исследования проводились на спектрометре ЭПР-10 МИНИ (Санкт – Петербург) с максимальной мощностью электромагнитного излучения до 10 милливатт. Объектами исследований являлись образцы отходов различных перерабатывающих предприятий: пивоваренной промышленности - солодовая мука; сахарного производства – свекловичный жом; спиртовой промышленности – барда; масложировой промышленности – жмыхи. Каждый из вышеперечисленных пищевых добавок первоначально подвергался определенными характеристиками и параметрами [9] СВЧ воздействию с различной продолжительностью времени облучения (1 мин, 2 мин, 3 мин).

Интенсивность сигнала, а соответственно и концентрация свободных радикалов в образцах, заметно менялись в зависимости от типа образца и длительности облучения (рис 1).

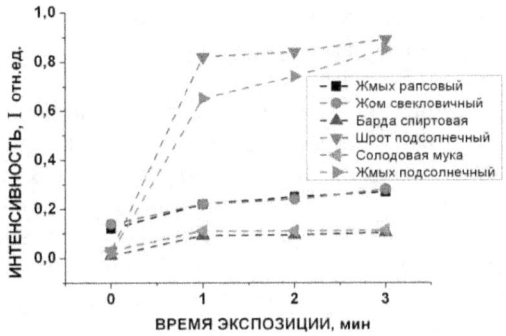

Рис. 1. Зависимость интенсивности I от времени облучения СВЧ.

Результаты измерений дают возможность исследовать кинетические и термодинамические характеристики химических процессов, протекающих с участием свободных радикалов в исследуемых образцах. Полученные экспериментальные данные [10-13] позволяют сделать выводы о том, что интенсивность спектров ЭПР в пищевых отходах отличаются. Это обусловлено, прежде всего, различиями их физико-химических характеристик: элементного состава, фазового состояния, химического и электронного состояния молекул, дефектности структуры. Радиационная стойкость существенно зависит от радиационной обстановки, вида излучений, мощности дозы, температуры окружающей среды, условий эксплуатации. Так же установлена экспоненциальная зависимость концентрации парамагнитных центров от продолжительности облучения. Количество радиационно-химических превращений в любой системе находится в прямой зависимости от величины энергии ионизирующего излучения, поглощенного системой.

При добавлении в комбикорма зернофуража, подвергнутого воздействию СВЧ, увеличивается его питательная ценность. Уменьшается удельный расход зернового ингредиента комбикорма.

Таким образом, на основании проведенных исследований можно сделать вывод о том, что в структуре отходов агропромышленного комплекса под воздействием различных физико-химических методов происходят изменения. Эти изменения оказывают положительное влияние на энергетическую ценность кормов, что в целом свидетельствует о повышении их продуктивности.

ЛИТЕРАТУРА

1. Р.К. Жакпаров, О.В. Стахов и С.П. Пивоваров, Журн. Вестник НЯЦ РК, 1(29), 88(2007).
2. Н.И. Базалеев, В.Ф. Клепиков и В.В. Литвиненко, Электрофизические радиационные технологии, (Харьков: Акта, 1998).
3. А.Н. Тихонов, Электронный парамагнитный резонанс в биологии, Соросовский образов. журн. 11, 8-15(1997).
4. В.А. Афанасьев, Теория и практика специальной обработки зерновых компонентов в технологии комбикормов, 296(2002).
5. В.И. Криничный, Е.Н. Ушаков, К.А. Арутюнян и Н.В. Костина, Журн. Биофизика, 36, 427-431(1991).
6. Р.Г. Яхин, Развитие методов магнитного резонанса для неразрушающего контроля структуры веществ, 238(Казань, 2010).
7. С.А. Альтшулер, ЭПР соединений элементов переходных групп. (М.: Наука), 672(1972).
8. Дж. Вертц, Дж. Болтон, Теория и практические приложения метода ЭПР, 542(Мир, М., 1975).
9. Г.А. Морозов, Ю.Е. Седельников и Н.Е. Стахова, СВЧ-техника и телекоммуникационные технологии, 90-91(Севастополь, 2002).
10. Н.А. Самигуллина и Р.Г. Яхин, Спектроскопия и томография электронного парамагнитного резонанса в химии и биологии. (Москва, 2011).
11. Р.Г. Яхин и Н.А. Самигуллина, Журн. Вестник ТГГПУ, 3(25), 90-93(2011).
12. Р.Г. Яхин, Н.А. Самигуллина, А.И. Шагададина, Р.Р. Яхин и Г.А. Морозов, Журн. Вестник КГТУ, 1(61), 127-130(2011).
13. Н.А. Самигуллина и Р.Г. Яхин, Журн. экологии промышленной безопасности, 1, 79-82(2011).

Предин К.С.
студент 5го курса, ФГБОУ ВПО «ВятГУ»
Зонов А.В.
к.т.н., доцент каф. НГиЧ, ФГБОУ ВПО «ВятГУ»

АСПЕКТЫ ВЛИЯНИЯ ЭТАНОЛО – ТОПЛИВНОЙ ЭМУЛЬСИИ НА ЭКОЛОГИЧЕСКИЕ ПОКАЗАТЕЛИ ДИЗЕЛЯ 4Ч 11,0/12,5 В ЗАВИСИМОСТИ ОТ ИЗМЕНЕНИЯ УСТАНОВОЧНОГО УОВТ

В последние десятилетия в связи с быстрым развитием автомобильного транспорта существенно обострились проблемы воздействия его на окружающую среду. Транспортно-дорожный комплекс является мощным источником загрязнения природной среды.

Выбросы выхлопных газов влияют на развитие многих болезней. Поэтому на сегодняшний день главная задача двигателестроения состоит в разработке транспортных средств работающих на альтернативных видах моторного топлива не нефтяного происхождения, улучшение качества, эффективных и экологических показателей двигателей.

В качестве альтернативного топлива может послужить этанол (этиловый спирт), который снизит токсичность и дымность.

Самым эффективным способом применения этанола в двигатель – это добавление его в виде эмульсий с дизельным топливом и пакетом присадок, которые улучшают эффективные и экологические показатели двигателя. Причем этот способ не требует значительных затрат и может применяться на уже используемых двигателях без внесения каких-либо изменений [1].

В статье опубликованы частичные результаты исследований дизеля 4Ч 11,0/12,5 при использовании в качестве моторного топлива этаноло-топливной эмульсии (ЭТЭ).

В соответствии с методикой стендовых испытаний нами были проведены испытания дизеля 4Ч 11,0/12,5 по исследованию влияния применения ЭТЭ на экологические показатели в зависимости от изменения установочного УОВТ на номинальном режиме и режиме максимального крутящего момента [2].

Содержание токсичных компонентов в ОГ дизеля 4Ч 11,0/12,5 в зависимости от изменения установочного УОВТ для номинального режима работы ($n = 2200$ мин$^{-1}$, $p_e = 0,63$ МПа) и режиме максимального крутящего момента ($n = 1700$ мин$^{-1}$, $p_e = 0,69$ МПа) представлено на рисунке 1.

На рисунке 1, а представлено содержание токсичных компонентов на номинальном режиме. Из графиков видно, что при работе на ДТ и значении установочного УОВТ $\Theta_{впр\,дт} = 20°$ до ВМТ содержание оксидов азота NO_x в ОГ составляет 675 ppm, содержание углеводородов СН в ОГ составляет 0,040 %, содержание CO_2 - 4,85 %, содержание СО - 0,40. При увеличении значения установочного УОВТ до $\Theta_{впр\,дт} = 23°$ до ВМТ содержание NO_x в ОГ увеличивается до 920 ppm, количество СН в ОГ также увеличивается и составляет 0,054 %, содержание CO_2 в ОГ увеличивается до значения 5,70 %, СО в ОГ принимает значение 0,58 %. При значении установочного УОВТ $\Theta_{впр\,дт} = 26°$ до ВМТ содержание NO_x в ОГ достигает значения 961 ppm, содержание СН - 0,060 %, содержание CO_2 в ОГ составляет 6,60 %, СО - 0,62 %. При значении установочного УОВТ $\Theta_{впр\,дт} = 29°$ до ВМТ содержание NO_x в ОГ уже составляет 919 ppm, содержание СН - 0,056 %, содержание CO_2 в ОГ достигает значения 5,20 %, содержание СО в ОГ составляет 0,56 %.

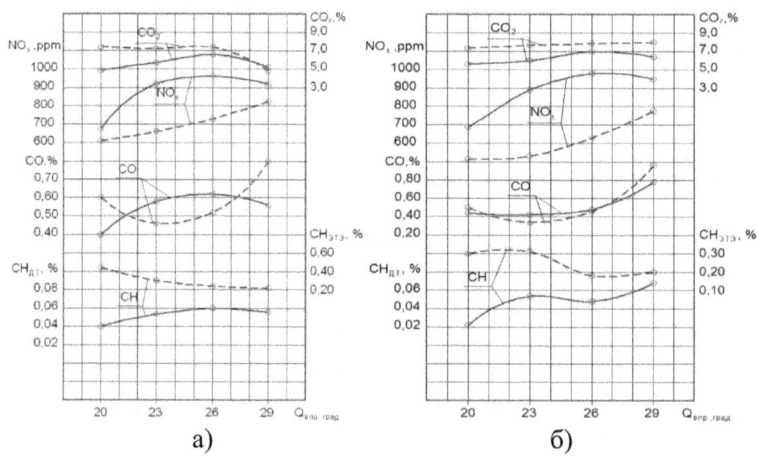

Рисунок 1 - Влияние применения этаноло-топливной эмульсии на экологические показатели дизеля 4Ч 11,0/12,5 в зависимости от изменения установочного УОВТ:
а) номинальный режим с частотой вращения коленчатого вала n = 2200 мин$^{-1}$, и нагрузкой p_e = 0,63 МПа;
б) режим максимального крутящего момента с частотой вращения коленчатого вала n = 1700 мин$^{-1}$, и нагрузкой p_e = 0,69 МПа:
——— - ДТ;   — — — - ЭТЭ

При работе на ЭТЭ при значении установочного УОВТ $\Theta_{впр\,этэ} = 20°$ до ВМТ содержание NO_x в ОГ составляет 610 ppm, содержание СН в ОГ составляет 0,44 %, содержание CO_2 - 7,40 %, содержание СО - 0,60 %. При увеличении значения установочного УОВТ $\Theta_{впр\,этэ} = 23°$ до ВМТ содержание NO_x в ОГ увеличивается до значения 660 ppm, содержание СН в ОГ уменьшается и составляет 0,30 %, содержание CO_2 в ОГ уменьшается до значения 7,20 %, СО принимает значение 0,46 %.

При значении установочного УОВТ $\Theta_{впр\ этэ} = 26°$ до ВМТ содержание NO_x в ОГ составляет 730 ppm, содержание СН - 0,24 %, содержание CO_2 - 7,40 %, СО в ОГ составляет 0,52 %. При значении установочного УОВТ $\Theta_{впр\ этэ} = 29°$ до ВМТ содержание NO_x в ОГ достигает значения 824 ppm, содержание СН - 0,22 %, содержание CO_2 в ОГ составляет 4,80 %, содержание СО в ОГ принимает значение 0,80 %.

На рисунке 1, б представлено содержание токсичных компонентов на режиме максимального крутящего момента. Из графиков видно, что при работе на ДТ при значении установочного УОВТ $\Theta_{впр\ дт} = 20°$ до ВМТ содержание NO_x в ОГ составляет 690 ppm, содержание СН в ОГ составляет 0,022 %, CO_2 - 5,65 %, содержание СО - 0,44 %. При увеличении значения установочного УОВТ до $\Theta_{впр\ дт} = 23°$ до ВМТ содержание NO_x в ОГ увеличивается до значения 890 ppm, содержание СН в ОГ составляет 0,054 %, содержание CO_2 в ОГ увеличивается до значения 6,05 %, СО в ОГ принимает значение 0,42 %. При значении установочного УОВТ $\Theta_{впр\ дт} = 26°$ до ВМТ содержание NO_x в ОГ достигает значения 980 ppm, содержание СН - 0,048 %, содержание CO_2 в ОГ составляет 7,0 %, содержание СО в ОГ принимает значение 0,48 %. При значении установочного УОВТ $\Theta_{впр\ дт} = 29°$ до ВМТ количество NO_x в ОГ составляет 950 ppm, содержание СН - 0,068 %, содержание CO_2 в ОГ достигает значения 6,4 %, содержание СО в ОГ составляет 0,78 %.

При работе на ЭТЭ при значении установочного УОВТ $\Theta_{впр\ этэ} = 20°$ до ВМТ содержание NO_x в ОГ составляет 515 ppm, содержание СН в ОГ составляет 0,30 %, CO_2 - 7,35 %, содержание СО - 0,50 %. При увеличении значения установочного УОВТ до $\Theta_{впр\ этэ} = 23°$ до ВМТ содержание NO_x в ОГ увеличивается до 530 ppm, количество СН в ОГ увеличивается и составляет 0,31 %, CO_2 в ОГ увеличивается до значения 7,65 %, СО в ОГ принимает значение 0,34 %. При значении установочного УОВТ $\Theta_{впр\ этэ} = 26°$ до ВМТ содержание NO_x в ОГ составляет 630 ppm, содержание СН - 0,18 %, количество CO_2 в ОГ достигает значения 7,83 %, содержание СО в ОГ составляет 0,46 %. При значении установочного УОВТ $\Theta_{впр\ этэ} = 29°$ до ВМТ содержание NO_x в ОГ достигает 775 ppm, количество СН - 0,20 %, содержание CO_2 в ОГ составляет 8,0 %, количество СО в ОГ принимает значение 0,96 %.

Сравнивая оптимальные значения установочного УОВТ (оптимальный установочный УОВТ $\Theta_{впр\ этэ} = 23°$ до ВМТ для работы на ЭТЭ и $\Theta_{впр\ дт} = 23°$ до ВМТ для работы на ДТ), следует отметить, что на номинальном режиме при работе на ДТ содержание NO_x в ОГ составляет 920 ppm, а при работе на ЭТЭ - 660 ppm, следовательно содержание NO_x в ОГ уменьшается на 28,3 %. Содержание СН в ОГ при работе на ДТ равно 0,054 %, а при работе на ЭТЭ - 0,30 %, т.е. содержание СН в ОГ существенно увеличивается. Содержание CO_2 в ОГ при работе на ДТ равно 5,7 %, а при работе на ЭТЭ - **7,2 %**, т.е. увеличение составляет 20,8 %. Содержание СО в ОГ при работе на ДТ равно 0,58 %, а при работе на ЭТЭ - 0,46 %, т.е. происходит снижение на 20,7 %.

Сравнивая оптимальные значения установочных УОВТ, следует отметить, что на режиме максимального крутящего момента при работе на ДТ содержание NO_x в ОГ составляет 890 ppm, а при работе на ЭТЭ - 530 ppm, т.е. содержание NO_x в ОГ уменьшается на 40,4 %. Содержание СН в ОГ при работе на ДТ равно 0,054 %, а при работе на ЭТЭ - 0,31 %, т.е. содержание СН в ОГ увеличивается значительно. Содержание CO_2 в ОГ при работе на ДТ равно 6,05 %, а при работе на ЭТЭ - 7,65 %, т.е. увеличение составляет 20,9 %. Содержание СО в ОГ при работе на ДТ равно 0,42 %, а при работе на ЭТЭ - 0,34 %, т.е. происходит снижение на 19 %.

Таким образом, установочный УОВТ оказывает значительное влияние на содержание токсичных компонентов в ОГ дизеля 4Ч 11,0/12,5 как при работе на ДТ, так и при работе дизеля на ЭТЭ.

Литература:

1. Зонов А.В. Исследование экологических показателей дизеля 4Ч 11,0/12,5 при работе на ЭТЭ в зависимости от изменения установочного угла опережения впрыскивания топлива. Вестник НГИЭИ. 2013. № 2. С. 20-25.

2. Зонов А.В. Улучшение токсических показателей дизеля 4Ч 11,0/12,5 при работе на ЭТЭ в зависимости от изменения частоты вращения коленчатого вала. Вестник НГИЭИ. 2013. № 2. С. 32-36.

Шарапов В.И. - доктор техн. наук, **Орлов М.Е.** - канд. техн. наук, **Ротов П. В.** - канд. техн. наук, **Мордовин В.А., Чаукин П.Е.** - аспиранты

ЭНЕРГОЭФФЕКТИВНАЯ ТЕХНОЛОГИЯ ЦЕНТРАЛИЗОВАННОГО ТЕПЛОСНАБЖЕНИЯ С ПРИМЕНЕНИЕМ ТЕПЛОНАСОСНЫХ УСТАНОВОК

Традиционно в большинстве открытых систем теплоснабжения температуру сетевой воды в подающем трубопроводе теплосети регулируют на ТЭЦ в зависимости от температуры наружного воздуха по графику центрального качественного регулирования с нижним изломом, с помощью которого поддерживается необходимая температура сетевой воды, подаваемой на горячее водоснабжение (60-70 °С), что приводит к перерасходу топлива на теплоисточнике и снижению качества теплоснабжения (перегрев помещений абонентов из-за повышенной температуры теплоносителя в подающем трубопроводе теплосети).

В научно-исследовательской лаборатории «Теплоэнергетические системы и установки» (НИЛ ТЭСУ) Ульяновского государственного технического университета разработаны технологии для открытых систем теплоснабжения, позволяющие отказаться от излома температурного графика и обеспечить требуемый температурный режим в системе горячего водоснабжения за счет использования теплонасосных установок [1; 2]. На рис. 1 изображена принципиальная схема открытой системы теплоснабжения, в которой реализуется новая технология.

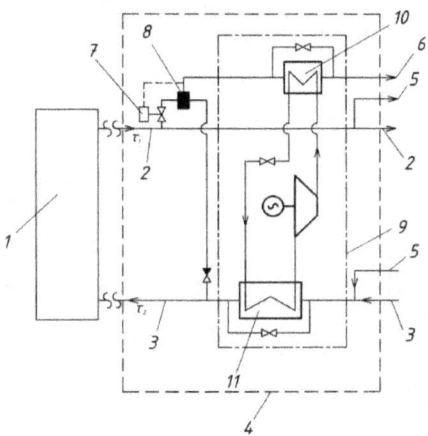

Рис. 1. Принципиальная схема нового способа работы открытой системы теплоснабжения: 1 – ТЭЦ; 2, 3 – подающий и обратный трубопроводы теплосети; 4 – тепловой пункт; 5,6 – трубопроводы систем отопления и горячего водоснабжения; 7 – регулятор температуры; 8 – смеситель; 9 – теплонасосная установка; 10 – конденсатор; 11 – испаритель.

Особенность работы системы теплоснабжения заключается в том, что температуру сетевой воды на теплоисточнике регулируют по графику центрального качественного регулирования без нижнего излома. Температуру воды, подаваемой в систему горячего водоснабжения по трубопроводу 6, поддерживают не менее 60 °С. При температуре воды в подающем трубопроводе теплосети 2, равной 70 °С, отбор воды на горячее водоснабжение ведут только из подающего трубопровода тепловой сети 2. При повышении температуры сетевой воды в подающем трубопроводе тепловой сети свыше 70 °С отбор воды на горячее водоснабжение осуществляют одновременно из подающего 2 и обратного 3 трубопроводов тепловой сети, после чего потоки сетевой воды направляют в смеситель 8, где достигается необходимая температура. В период стояния температур наружного воздуха от температуры точки излома до +8 °С, температура сетевой воды в подающем трубопроводе становится ниже 70 °С, поэтому догревается до требуемой температуры в конденсаторе 10 теплонасосной установки (ТНУ) 9, испаритель 11 которой включен по греющей среде в обратный трубопровод тепловой сети 3 [1; 2].

Работа описанной выше открытой системы теплоснабжения с ТНУ характеризуется графиком, представленным на рис. 2.

На данном графике точка 1 соответствует температуре воды в подающем трубопроводе, приходящим в ЦТП от ТЭЦ. Далее идет нагрев теплоносителя до 70 °С (линия 1-1') в конденсаторе. В свою очередь, при прохождении теплоносителя из обратного трубопровода через испаритель ТНУ, его температура снижается (линия 2'-2).

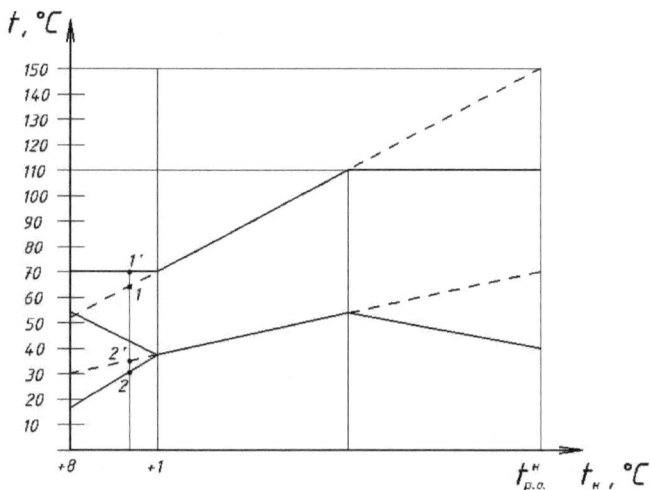

Рис. 2. Температурный график центрального качественного регулирования при использовании ТНУ для догрева воды на ГВС (для г. Ульяновска).

В рамках разработанных технических решений проведена оценка энергетической эффективности структурных и режимных изменений методом удельной выработки электроэнергии на тепловом потреблении [3, 45].

Годовая экономия от использования 16 теплонасосных установок в системе теплоснабжения на базе ТЭЦ с турбоустановкой Т-100-130 составила 5550 т условного топлива или 17,76 млн. руб.

Таким образом, использование теплонасосных установок в открытых системах теплоснабжения можно считать энергоэффективным техническим решением, которое позволяет повысить их надежность и экономичность, а также улучшить качество теплоснабжения.

Выводы:

1. Установлено, что на большинстве отечественных ТЭЦ имеются значительные возможности повышения тепловой экономичности за счет увеличения комбинированной выработки электроэнергии теплофикационными паровыми турбинами и снижения потерь в тепловых сетях при низкотемпературном теплоснабжении и использовании низкопотенциальных потоков теплоты.

2. Предложена новая технология работы открытой системы теплоснабжения, позволяющая регулировать температуру сетевой воды без нижнего излома температурного графика за счет использования на ЦТП теплонасосной установки, конденсатор которой включен в трубопровод системы ГВС, а испаритель – в обратный трубопровод теплосети.

3. В рамках разработанных технологических решений проведена оценка энергетической эффективности структурных и режимных изменений методом удельной выработки электроэнергии на тепловом потреблении.

4. Годовая экономия от использования 16 теплонасосных установок в системе теплоснабжения на базе ТЭЦ с турбоустановкой Т-100-130 составляет 5550 т условного топлива или 17,76 млн. руб.

Список литературы

1. Пат. 2433351 (RU). Способ работы открытой системы теплоснабжения / П.В. Ротов, М.Е. Орлов, В.И. Шарапов, П.В. Чаукин, В.А. Мордовин // Б. И. 2011. № 31.

2. Пат. 2474765 (RU). Способ работы открытой системы теплоснабжения / П.В. Ротов, М.Е. Орлов, В.И. Шарапов, П.В. Чаукин, В.А. Мордовин // Б. И. 2013. № 4.

3. Шарапов, В.И. Расчет энергетической эффективности технологий подготовки воды на ТЭЦ: Учебное пособие / В. И. Шарапов, П. Б. Пазушкин, Е. В. Макарова, Д. В. Цюра. – Ульяновск: УлГТУ, 2003. 120 с.

Шарапов В.И. - доктор техн. наук, **Орлов М.Е.** - канд. техн. наук, **Чаукин П.Е., Мордовин В.А.** - аспиранты

ТЕХНОЛОГИЯ ОБЕСПЕЧЕНИЯ НАДЕЖНОСТИ КОМБИНИРОВАННЫХ СИСТЕМ ТЕПЛОСНАБЖЕНИЯ

Необходимым условием создания и функционирования теплоснабжающих систем является надежное обеспечение потребителей тепловой энергией необходимого качества, в требуемом количестве, в течение определенного периода времени и недопущение ситуаций, опасных для людей и окружающей среды.

Применяемое на ТЭЦ теплофикационное оборудование разработано несколько десятилетий назад и на сегодняшний день в значительной степени устарело и требует модернизации. За прошедшее время многие заложенные в основу проектов теплоисточников и систем транспорта теплоты концептуальные технические и технологические решения требуют пересмотра или существенной корректировки. Эта необходимость обусловлена как кардинально изменившимися экономическими условиями, так и опытом зарубежных стран, показавшим огромные возможности совершенствования теплофикационных систем [1,22].

К сожалению, сегодня доля теплофикации в общей выработке тепловой энергии в России продолжает неуклонно снижаться, несмотря на высокую эффективность комбинированного производства тепловой и электрической энергии на ТЭЦ. Недостаток финансовых ресурсов, выделяемых на ремонты и модернизацию, позволяет лишь поддерживать оборудование в относительно работоспособном состоянии, не улучшая показатели тепловой и экономической эффективности.

В связи с этим рядом исследователей в различных регионах России ведется работа по сохранению и развитию преимуществ теплофикации путем создания комбинированных теплофикационных систем [2,89; 3,22; 4,34], сочетающих в себе элементы централизованных и децентрализованных систем теплоснабжения.

Рассматриваемые комбинированные теплофикационные системы, предназначенные для производства и подачи тепловой и электрической энергии потребителям, представляют собой сложные по структуре и многофункциональные по сути системы, связанные между собой различными технологическими процессами. Многофункциональность комбинированных теплофикационных систем обусловлена не только комбинированным характером производства энергии, но и теплоснабжением различных типов потребителей, каждый из которых предъявляет специфические требования по надежности теплоснабжения.

Для повышения надежности городских теплофикационных систем и развития преимуществ теплофикации, в научно-исследовательской лаборатории «Теплоэнергетические системы и установки (НИЛ ТЭСУ) УлГТУ разработаны технологии комбинированного теплоснабжения [3,22; 5,71], которые предусматривают покрытие базовой части тепловой нагрузки системы теплоснабжения за счёт высокоэкономичных отборов пара теплофикационных турбин ТЭЦ и обеспечение пиковой нагрузки с помощью автономных пиковых теплоисточников, установленных непосредственно у абонентов. В качестве автономных пиковых источников могут быть использованы газовые и электрические бытовые отопительные котлы, электрообогреватели и другие агрегаты.

При нарушениях гидравлических и температурных режимов в централизованной системе теплоснабжения обеспечение базовой нагрузки может осуществляться от автономных пиковых источников теплоты, установленных в местной системе теплоснабжения, которые при нормальной работе системы в базовом режиме будут находиться в резерве. Функциональное резервирование предусмотрено в СНиП 41-02-2003 «Тепловые сети» при совместной работе различных источников теплоты.

Одним из возможных подходов к повышению надёжности комбинированных систем теплоснабжения является отключение местных систем теплоснабжения от централизованной системы в случае нарушения в ней гидравлических и температурных режимов и обеспечение тепловой нагрузки местной системы теплоснабжения с помощью децентрализованных источников теплоты.

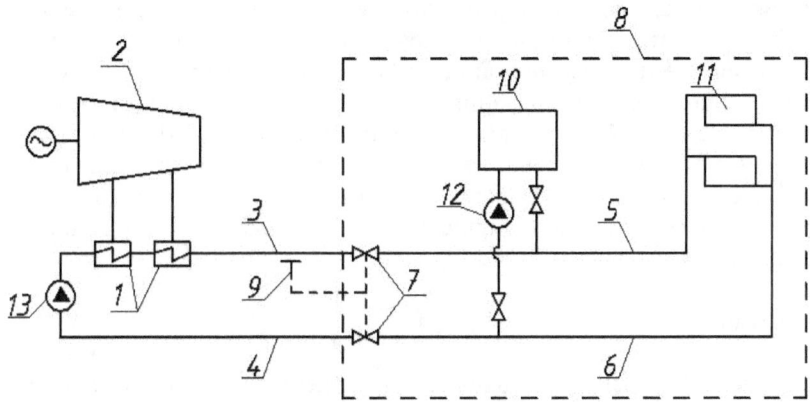

Рис. 2. Схема комбинированной теплофикационной системы: 1 – сетевые подогреватели; 2 – теплофикационная турбина; 3,4 – подающий и обратный трубопроводы централизованной системы теплоснабжения; 5,6 – подающий и обратный трубопроводы местной системы теплоснабжения; 7 – запорные органы; 8 – местная система теплоснабжения; 9 – датчик давления (температуры или расхода теплоносителя); 10 – автономный источник теплоты; 11 – отопительные приборы абонентов; 12 – циркуляционный насос; 13 – сетевой насос.

С этой целью в НИЛ ТЭСУ УлГТУ создан ряд технологий работы комбинированных теплофикационных систем с централизованными основными и автономными пиковыми теплоисточниками, которые позволяют при необходимости гидравлически изолировать местные системы теплоснабжения от централизованной [6; 7; 8; 9].

Схема такой комбинированной теплофикационной системы представлены на рис. 1. Данная технология может применяться, как в отдельных кварталах систем теплоснабжения, так и непосредственно в домах у потребителей тепловой энергии.

В комбинированной теплофикационной системе, изображенной на рис. 1, базовую нагрузку системы покрывают на основном источнике централизованной системы теплоснабжения – ТЭЦ. Далее нагретую сетевую воду (теплоноситель) по подающему трубопроводу централизованной системы теплоснабжения направляют в местную систему теплоснабжения, где пиковую тепловую нагрузку покрывают в автономном источнике теплоты, подключенном к подающему и обратному трубопроводам местной системы теплоснабжения. Величину нагрева воды в автономном пиковом источнике теплоты регулируют в зависимости от потребности абонента.

При понижении давления (температуры) или уменьшении расхода сетевой воды ниже заданных величин, контролируемых датчиками давления (температуры или расхода), местную систему теплоснабжения потребителя автоматически отключают от подающей и обратной магистралей централизованной системы теплоснабжения с помощью запорных органов, установленных на подающем и обратном сетевых трубопроводах местной системы теплоснабжения. В этом случае автономный источник теплоты используют в качестве базового, и циркуляцию сетевой воды через него и местную систему теплоснабжения осуществляют с помощью циркуляционного насоса, установленного на обратном трубопроводе.

Выводы:

1. С целью повышения надежности и энергетической эффективности систем теплоснабжения в НИЛ ТЭСУ УлГТУ создан ряд технологий работы комбинированных теплофикационных систем с централизованными основными и автономными пиковыми теплоисточниками, которые объединяют в себе структурные элементы централизованных и децентрализованных систем теплоснабжения и позволяют при необходимости гидравлически изолировать местные системы теплоснабжения от централизованной [6; 7; 8; 9].

2. Разработанные технологии комбинированного теплоснабжения позволяют значительно повысить надежность и качество теплоснабжения потребителей благодаря отключению местной системы теплоснабжения от централизованной и использовании автономного источника теплоты в качестве базового, например, при понижении давления, температуры или расхода сетевой воды в магистралях централизованной системы теплоснабжения.

Список литературы

1. Исторические особенности развития отечественных теплофикационных систем / Ротов П.В., Шарапов В.И., Орлов М.Е., Ротова М.А. // Новости теплоснабжения. 2013. № 5. С. 22-26.
2. Николаев Ю.Е. Научно-технические проблемы совершенствования теплоснабжающих комплексов городов. Саратов: СарГТУ. 2002. 89 с.
3. Орлов М.Е., Ротов П.В., Шарапов В.И. Повышение надежности и энергетической эффективности теплофикационных систем // Надежность и безопасность энергетики. 2012. №1. С. 22-26.
4. Бородихин И.В. Комбинированная система теплоснабжения с внутриквартальными ДВС как энергосберегающая технология // Энергосбережение в городском хозяйстве, энергетике, промышленности: Материалы V РНТК. Т. 2. - Ульяновск: УлГТУ. 2006. С. 34-37.
5. Орлов М.Е. Повышение энергетической эффективности и совершенствование структуры теплофикационных систем городов // Труды Академэнерго. 2012. № 1. С. 71-87.
6. Пат. 2467258 (RU). Способ теплоснабжения/ М.Е. Орлов, В.И. Шарапов, П.Е. Чаукин, В.А. Мордовин // Бюллетень изобретений №32. 2012. Заявл. 07.06.2011, № 2011122993/12. Опубл. 20.11.2012.
7. Пат. 2468299 (RU). Способ теплоснабжения/ М.Е. Орлов, В.И. Шарапов, П.Е. Чаукин, В.А. Мордовин // Бюллетень изобретений №33. 2012. Заявл. 07.06.2011, № 2011122991/12. Опубл. 27.11.2012.
8. Пат. 2470234 (RU). Способ теплоснабжения/ М.Е. Орлов, В.И. Шарапов, П.Е. Чаукин, В.А. Мордовин // Бюллетень изобретений №35. 2012. Заявл. 07.06.2011, 2011123024/12. Опубл. 20.12.2012.
9. Пат. 2470233 (RU). Способ теплоснабжения/ М.Е. Орлов, В.И. Шарапов, П.Е. Чаукин, В.А. Мордовин // Бюллетень изобретений №35. 2012. Заявл. 07.06.2011, 2011123028/12. Опубл. 20.12.2012.

Патракеев Д.С.[1], Дербишер Е.В.[2], Дербишер В.Е.[3]
Волгоградский государственный технический университет
[1] аспирант, [2] к.х.н., доцент, [3] д.х.н., профессор

ОБ ИНФОРМАЦИОННОЙ ПОДДЕРЖКЕ ПРОЕКТИРОВАНИЯ ВЕЩЕСТВ С ЗАДАННЫМИ СВОЙСТВАМИ

В современном мире перед человечеством стоит ряд глобальных проблем, требующих скорейшего решения. В частности – это две проблемы, связанные с научно-техническим прогрессом, такие как истощение ресурсов и прогрессирующее ухудшение экологической обстановки. Эти проблемы, проецированные на научное сообщество, в частности на химическое сообщество, оказываются напрямую связанными с созданием, производством и оборотом веществ, искусственно создаваемых человеком, а также поиском новых практически ценных химических соединений.

В тоже время само химическое сообщество активно участвует в решении названных проблем. Одним из способов такого решения является использование возможностей, предоставляемых стремительно развивающимися информационными технологиями, в частности компьютерной химией. В её рамках развивается такое направление как QSPR (англ. аббревиатура «quantitative structure–property relationships») – поиск количественных соотношений структура-свойство, который позволяет производить подбор кандидатов при проектировании веществ с заданными свойствами.

Кратко, поиск новых химических соединений, условно можно разделить на пять основных этапов: прогноз, выбор объектов по результатам прогноза, синтез выбранных объектов, экспериментальная проверка полученных веществ и принятие решения. QSPR используется на стадии прогноза, что позволяет значительно сократить потребление ресурсов при поиске новых практически ценных химических соединений для народного хозяйства. На данный момент существует большое количество подобных примеров, в частности это хорошо видно на примере QSAR [1, 42], которое очень тесно связано с QSPR, но при этом развито лучше, благодаря стараниям крупнейших фармацевтических компаний.

Для реализации методов QSPR создано множество различных инструментов:

1. программные пакеты и комплексы – их преобладающее множество. Они представлены как индивидуальные специализированные решения, а также в составе информационных комплексов, направленных на автоматизацию научного труда. В качестве примера можно привести один из известных профессиональных коммерческих продуктов -

CODESSA [2], и один некоммерческий продукт, разрабатываемый небольшой научной группой - ISIDA/QSPR [3];

2. web-ресурсы – предоставляют бесплатно услуги по QSPR-анализу для ограниченного набора свойств, в основном являются демо-версиями вышеупомянутых различных программных пакетов, показывая их возможности, что своего рода является рекламой. В качестве яркого примера можно указать на ePhysChem [4];

3. grid-системы – сравнительно новый инструмент в сфере высокопроизводительных вычислений, организуется путём объединения в единую вычислительную среду мощностей большого количества разнородных исследовательских вычислительных центров по всему миру. Для пользователя он предстаёт в виде web-ресурса. В данном случае, QSPR представлено пока единственным решением – OpenMolGRID [5];

4. инструменты для разработки новых решений – их обязательно необходимо отметить, поскольку они представлены инструментами, позволяющими на их базе, без дополнительных затрат, быстро создавать новые решения в области средств поиска QSPR зависимостей. Среди них выделяются – некоммерческие OpenBabel [6], The Chemistry Development Kit [7] и коммерческий OEChem TK [8].

Все вышеприведённые инструменты для решения задач QSPR являются наиболее распространёнными, но помимо их существует большое множество малоизвестных инструментов, разработка которых ведётся обычно в рамках только одной научной группы.

Литература:
1. Pharma 2010: The threshold of innovation [Электронный ресурс] / IBM Business Consulting Services. – 2012. – 64 с. – Режим доступа : http://www-935.ibm.com/services/de/bcs/pdf/2006/pharma_2010.pdf (дата обращения: 09.10.2013)
2. CODESSA [Электронный ресурс]. – Режим доступа : http://www.semichem.com/codessa/default.php (дата обращения: 09.10.2013)
3. ISIDA/QSPR [Электронный ресурс]. – Режим доступа : http://www.vpsolovev.ru/programs/ (дата обращения: 09.10.2013)
4. ePhysChem [Электронный ресурс]. – Режим доступа : http://www.eadmet.com/en/physprop.php (дата обращения: 09.10.2013)
5. OpenMolGRID [Электронный ресурс]. – Режим доступа : http://www.openmolgrid.org (дата обращения: 09.10.2013)
6. OpenBabel [Электронный ресурс]. – Режим доступа : http://openbabel.org/wiki/Main_Page (дата обращения: 09.10.2013)
7. The Chemistry Development Kit [Электронный ресурс]. – Режим доступа : http://sourceforge.net/projects/cdk/ (дата обращения: 09.10.2013)
8. OEChem TK [Электронный ресурс]. – Режим доступа : http://www.eyesopen.com/oechem-tk (дата обращения: 09.10.2013)

Пыжов А.М., Кукушкин И.К., Стрелкова А.В., Ромашин Е.Е., Пожидаев О.В.

кандидат технических наук, доцент, Самарский государственный технический университет;
доктор химических наук, профессор, Самарский государственный технический университет;
аспирант, Самарский государственный технический университет;
студент 6 курса, Самарский государственный технический университет;
студент 5 курса, Самарский государственный технический университет;
E-mail: argel33@mail.ru

УТИЛИЗАЦИЯ ОТХОДОВ ПРОИЗВОДСТВ ЭНЕРГОНАСЫЩЕННЫХ МАТЕРИАЛОВ ПРИ ПОЛУЧЕНИИ СТЕКЛОМАССЫ ДЛЯ ИЗГОТОВЛЕНИЯ ПЕНОСТЕКЛА

В строительстве в качестве конструкционного и отделочного материалов все более широкое применение находит пеностекло. Как правило, подобный материал изготавливается в виде блоков, отделочных плит и гранул. Пеностекло представляет собой легкий пористый материал из стекла с равномерно распределенными ячейками (порами) диаметром 0,1-6 мм, разделенными тонкими стенками [1, 304]. В промышленности для изготовления пеностекольных плит и блоков применяют в основном порошковый способ, который заключается в спекании смеси из тонкомолотого стекольного порошка с газообразователем. Для получения стекольного порошка используют различные способы, например, измельчают бой силикатного стекла [2, 15]. Основное достоинство такого способа изготовления пеностекла состоит в низкой стоимости исходной стекломассы, а недостаток – в невысоком качестве пеностекла из-за непостоянства состава стеклобоя.

Устранить недостаток подобного способа изготовления пеностекла, сохраняя при этом низкую стоимость исходной стекломассы, возможно при использовании для этого промышленных отходов. Авторами были проведены экспериментальные исследования, которые показали, что наиболее эффективным для изготовления исходной стекломассы является использование жидких и твердых совместных отходов производств тротила и нитробензола.

Производства тротила и нитробензола сопровождаются образованием значительного количества токсичных маточников. Зачастую производства тротила и нитробензола располагаются на одних и тех же предприятиях. Обезвреживание токсичного маточника производства нитробензола производят совместно с сульфитными щелоками производства тротила. В смеси маточников производств тротила и нитробензола находятся различные натриевые соли изомеров тротила, нитрофенолов, нитрокислот, нитрит и нитрат натрия, карбонат, сульфат и сульфит натрия, сульфид и хлорид натрия. Смесь маточников тротила и нитробензола после предварительного упаривания направляют на сжигание, а образующуюся золу в отвал [3, 236]. Под воздействием атмосферных осадков она превращается в токсичные стоки, загрязняющие грунтовые воды, что приводит к существенному ухудшению экологической обстановки. Химический состав золы приведен в таблице 1.

Таблица 1 - Химический состав совместного отхода производств тротила и нитробензола

Компонент	Содержание компонентов, %
Сульфат натрия	55,5
Карбонат натрия	24,6
Сульфат аммония	9,4
Хлорид натрия	8,0
Оксид железа (Fe_2O_3)	1,1
Углерод	1,3
Влага	0,1
Качественная реакция на тротил	положительная

Исходные материалы для изготовления стекла подразделяются на главные и вспомогательные. К главным сырьевым материалам относятся вещества, с помощью которых в стекло вводятся кислотные, щелочные и щелочноземельные оксиды, являющиеся основой состава современных стекол. К вспомогательным сырьевым материалам относятся различные вещества, которые применяются для улучшения качества стекломассы, её окрашивания и глушения, а также для ускорения времени её изготовления [2, 67]. Основой состава силикатных стекол являются различные сочетания оксидов Na_2O, CaO, SiO_2. В качестве поставщиков оксида натрия используют карбонат натрия (сода), сульфат натрия или оба вещества одновременно.

В состав совместного отхода производств тротила и нитробензола в качестве компонентов входят вещества, которые традиционно применяются в стеклоделии: в качестве поставщиков оксида натрия - Na_2SO_4, Na_2CO_3, в качестве ускорителей процесса изготовления стекла, осветлителей и для гомогенизации стекломассы - сульфат натрия, хлорид натрия и сульфат аммония (до 3 %) [4, 160]. Для ускорения восстановления сульфата натрия в стеклоделии используют углерод, который в виде сажи присутствует в отходе в количестве от 1,1 до 5 %. Для этой цели пригодна смесь маточников производства тротила и нитробензола. При термическом разложении маточников, добавляемых в шихту, в процессе плавки стекла образуется восстановительная среда, которая способствует восстановлению сульфата натрия. Оксиды железа, присутствующие в стекольной шихте окрашивает стекломассу в различные оттенки желтого и зеленого цветов. Таким образом, в составе совместного отхода производств тротила и нитробензола в качестве компонентов присутствуют вещества, которые, так или иначе, используются в стеклоделии для изготовления стекломассы.

Оценка эффективности использования отходов производств энергонасыщенных материалов при изготовлении силикатного стекла происходила следующим образом. Были изготовлены стекольные шихты на основе традиционных материалов и отходов производств тротила и нитробензола, и на основе только традиционных материалов. Стекольные шихты были рассчитаны на получение силикатного стекла состава: масс. %: SiO_2 72,0; Al_2O_3 1,5; CaO 7,0; Na_2O 16,5; MgO 3,0. Качество полученного стекла оценивалось по его удельному весу, растворимости в воде, однородности и цвету. Плавка стекла проходила в лабораторной электропечи при температуре 1350-1400 °C. Выдержка расплавленной стекломассы при максимальной температуре составляла 35 минут. Оказалось, что применение отходов производств энергонасыщенных соединений несколько повышает качество получаемой стекломассы.

Суммарное содержание совместных отходов производств тротила и нитробензола в составе опытной шихты составило более 40 %, что значительно удешевляет себестоимость стекломассы.

Таким образом, авторами было экспериментально показано, что существует эффективная возможность изготовления силикатного стекла заданного состава на основе отходов производств тротила и нитробензола. Подобная дешевая стекломасса с успехом может быть использована для изготовления пеностекла, обладающего стабильными характеристиками.

Литература

1. Л.М.Бутт, В.В.Полляк. Технология стекла. - М.: Госстройиздат, 1960. - С.304.

2. Шилл Ф. Пеностекло. - М.: Издательство литературы по строительству, 1965. – С. 15-19.

3. Е.Ю.Орлова. Химия и технология бризантных взрывчатых веществ. – М.: Химия, 1973. - С. 236.

4. Справочник по производству стекла. Под ред. И.И.Китайгородского. А.И. Бережной, Ю.А. Бродский, З.И. Бронштейн и др. - М.: Гос. изд-во литературы по строительству, архитектуре и строительству, 1963. - С. 160-162.

Черняев А.И.
аспирант 2-го года обучения, ПНИПУ
Трефилов В.А.
д.т.н., профессор, ПНИПУ

РАСЧЕТ ДОЛГОВЕЧНОСТИ ТЯЖЕЛО НАГРУЖЕННЫХ ЭЛЕМЕНТОВ С ИСПОЛЬЗОВАНИЕМ СТРУКТУРНО-ЭНЕРГЕТИЧЕСКОЙ ТЕОРИИ ОТКАЗОВ

В настоящее время металл является одним из самых распространенных и используемых материалов в мире. Производство различных сплавов, обладающих различными свойствами, позволяет использовать металл во многих промышленных отраслях, как например, строительство зданий, сооружений, двигателестроении, создание путепроводов и т.д. Но, не смотря на высокую надежность, на практике часто можно встретить сообщения о его разрушении, более того известны такие примеры, когда причиной аварии каменных, бетонных, деревянных и других конструкций были дефекты металлических элементов, входящих в общий конструктивный комплекс.

Наличие концентраторов напряжений в виде внутренних дефектов, расположенные в местах и на участках с высокими местными напряжениями и ориентированные поперек направления действующих растягивающих напряжений, могут привести к преждевременному разрушению элемента, и без должного контроля с помощью нормативных документов [1; 2; 3] к разрушению всей конструкции.

На производстве многие дефекты при малых размерах допускаются в изделии и не требуют исправления, тем не менее, их количество и расположение может оказать решающее воздействие на надежность и долговечность ответственных металлических элементов.

В сварных конструкциях при ее разрушении достаточно трудно восстановить её целостность, а заменить поврежденный узел зачастую не представляется возможным. Актуальность данной проблемы возрастает при увеличении габаритов конструкций, а как следствие и толщины применяемого при их изготовлении металла.

Что бы решить эту проблему необходимо более тщательно подходить к вопросу оценки состояния, используя при этом современные технологии, а так же усовершенствовать существующие методы прогнозирования надежности стальных конструкций и элементов.

На данный момент существует методика оценки вероятности отказа элемента, надежности и долговечности, основанная на структурно-энергетической теории отказов [4]. Структурно – энергетическая теория отказов, позволяет легко оценить влияние структурных факторов на форму кривой функции распределения энергии разрушения (рис. 1), а, следовательно, на надежность элементов и на этой основе разработать конкретные рекомендации по технологическому обеспечению заданного уровня надежности и качества элементов.

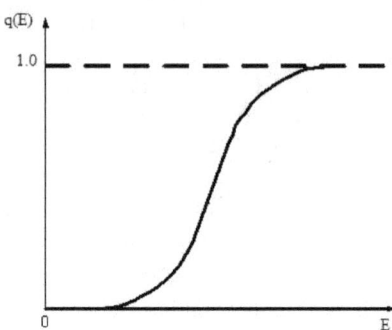

Рис.1 Функция распределения энергии разрушения

Зависимость вероятности отказа от величины энергетического воздействия будет простой экспонентой:

$$q(e) = 1 - \exp(-be),$$

где b – вариация размеров чувствительных структур;

e – величина энергетического воздействия.

Вероятность безотказной работы P(t) является обратной величиной вероятности отказа и определяется следующим образом:

$$P(t) = 1 - q(e)$$

Используя следующее уравнение, представляется возможным определить время безотказной работы детали:

$$P(t) = \exp(-\alpha It) \sum_{i=0}^{n-1} \frac{(\alpha It)^i}{i!},$$

где I - величина энергетического воздействия;

α - коэффициент перехода из одного состояния в другое;

t – время работы элемента.

Коэффициент перехода α определяется следующим образом:

$$\alpha = \frac{t_{cp} - t_0}{I \cdot \sigma_t^2}$$

где t_{cp} – среднее время работы элементов до отказа;

t_0 – гарантированное время работы элемента;

σ – дисперсия энергии возникновения отказа.

Для решения поставленной задачи были подготовлены 10 плоских образцов из стали 08ПС, со сварным швом, выполненным полуавтоматической сваркой.

Для оценки и анализа внутренних дефектов на подготовленных образцах были проведены томографические исследования с использованием промышленного компьютерного томографа для рентгеноскопии на основе рентгеноскопической системы XTH 450 LC.

Результаты анализа позволили обнаружить поры и трещины в сварных швах и основном металле, пример полученных изображений представлен на рисунке 2.

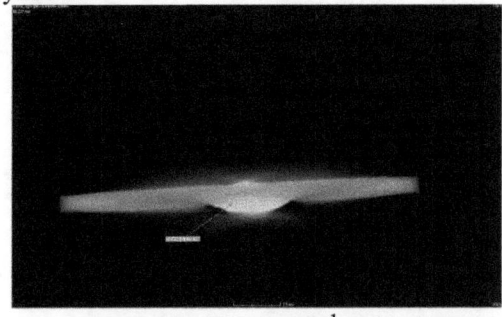

Рис.2 Результаты проведенных томографических исследований для исследуемых образцов

Далее был выполнен анализ полученных снимков внутренних дефектов и проведен расчет долговечности с помощью структурно-энергетической теории отказов. После определения вероятности безотказной работы было рассчитано время, гарантирующее работу детали, при истечении которого возникает необходимость обслуживания элемента, либо его замены. Образцы были рассчитаны при распределенной по ширине нагрузке 200 кг/м^2. В случае такого воздействия, при 90% вероятности, их гарантированное время работы составило в среднем 110000-120000 часов.

В заключение необходимо отметить, что полученные результаты демонстрируют необходимость практического испытания образцов, и сравнения расчетного гарантированного времени работы элементов с полученным на практике.

Список используемой литературы

1. ГОСТ 23118–99. Конструкции стальные строительные. Общие технические условия. – Введ. 2001-01-01. Госстрой России. – М. : ГУП ЦПП, 2001. – 41 с.

2. СНиП 3.03.01–87. Несущие и ограждающие конструкции. – Введ. 1988-01-07. Госстрой СССР. – М. : ЦИТП Гос-строя СССР, 1989. – 113 с.
3. СП 53-101–98. Изготовление и контроль качества стальных строительных конструкций. – Введ. 1999-01-01. Гос-строй России. – М. : ГУП ЦПП, 1999. – 36с.
4. Деев В. С., Трефилов В. А. Надежность технических систем и техногенный риск. Часть 3: Структурно-энергетическая теория отказов: учеб. пособие. – Пермь: издательство ПНИПУ. -2012. С. 167.

Бесогонов А.П.
старший научный сотрудник, кандидат технических наук
bap46@mail.ru

ПЛАЗМОГАЗОДИНАМИЧЕСКИЙ МЕТОД ГЕНЕРАЦИИ МЕТАЛЛИЧЕСКИХ НАНОКЛАСТЕРОВ

Известно, что генерация кластеров происходит при неравновесных условиях, когда металлический пар превращается в конденсированную фазу путем охлаждения в сверхзвуковой зоне сопла. Испарение частиц порошка микронного диапазона $(10^{-6} - 5 \cdot 10^{-5} м)$ происходит за счет энергии аргоновой термической плазмы электродугового нагревателя. Для исследовательских и технологических целей моделирования процессов, сопровождающих получение металлических нанокластеров и последующего их сбора, разработана и создана плазмогазодинамическая установка (ПГДУ), в которой реализуется процесс испарения и конденсации [1, 92].

Процессы испарения - конденсации определяются электрическими и газодинамическими параметрами, которые задаются режимом работы генератора потока частиц и конструкцией камеры испарения и сопла.

Для получения нанокластеров из дисперсных порошков других металлов и сплавов достаточно изменить скорость охлаждения *dT/dt* в сверхзвуковой зоне сопла, которая зависит от отношения давлений парогазовой смеси на срезе сопла и в камере испарения P_1/P_0 и размеров камеры и сопла. Кроме того, следует задать соответствующий режим работы генератора потока частиц (величину тока *J*, расход аргона $G_г$ и порошка G_n), который определяет величину температуры термической плазмы в камере [1, 93].

Результаты численных расчетов для процесса неравновесной гомогенной конденсации паров *Fe* в смеси с *Ar* при расширении в сверхзвуковом сопле применительно к плазмогазодинамической установке представлены в работе [2, 87, 88]. Для параметров ПГДУ *T_0=3500К* и отношения плотностей паров *Fe* и *Ar* N_{Fe}/N_{Ar} *=1/9* на срезе сопла средний размер кластеров равен 0,2 нм, что соответствует оценкам [1].

Процесс разработки и создания установки в рамках плазмогазодинамического метода требует надежного критерия кластеризации. Таким критерием является параметр Хагены, который представляет собой отношение скорости конденсации к скорости расширения парогазового потока в сверхзвуковом сопле. Для его определения необходимо знать газотермодинамические конструктивные параметры, такие как: d_{kp} - диаметр критического сечения сопла; N_0 - плотность атомов; T_0 - температура торможения в конфузорной зоне сопла.

Для ПГДУ конструктивные параметры:
- камера испарения диаметром $d = 0,01$ м и длиной $l = 0,04$ м;
- сопло Лаваля d_{kp} от 0,002 м до 0,0035 м, угол раствора сверхзвуковой части α от 15 °C до 17 °C.

Для ПГДУ газодинамические параметры:
- давление в конфузорной зоне сопла $P_0=0,2MPa$;
- температура торможения в конфузорной зоне сопла $T_0=3500K$ для порошка *Fe* [3, 458].

Согласно [4, 699] анализ различных систем показывает, что кластеризация имеет место при значении параметра Хагены *Г*>200*, что подтверждается для нанокластеров *Fe, Cu, Al* и *Ag* [3, 461].

Создание новых нанотехнологий невозможно без понимания кинетических процессов и расчета соответствующих характеристик. В то же время экспериментальное определение кинетических характеристик на наноуровне в настоящее время практически невозможно. Предлагается метод определения кинетических характеристик, используя газодинамические параметры (скорость, плотность, вязкость газа), соответствующие безразмерных комплексов (числа Маха - *M*, Рейнольдса - *Re*) показателя адиабаты - *k*. Связующей величиной, при этом, является число Кнудсена [5, 65]

$$Kn = 1{,}26\sqrt{k} \cdot M / Re.$$

Применительно к исследованию процессов и расчету широкого спектра задач для генерации нанокластеров в ПГДУ метод позволяет [5, 70]:
- определить числа *Kn* в искомых точках объема камеры испарения и сопла;
- определять соотношения для коэффициентов вязкости, теплопроводности и диффузии;
- определить коэффициент сопротивления частицы микронной дисперсности с учетом силы термофореза;
- определить силу взаимодействия кластеров в газе;
- определить силу трения, действующую на кластер.

Практическое применение плазмогазодинамического метода генерации нанокластеров привело к созданию ПГДУ с разработанными способами и устройствами для исследования, получения металлических кластеров и материалов на их основе, которые защищены патентами на изобретения. Одно из них - это способ изготовления кластерных композиционных материалов и устройство для его осуществления [6]. Применение этого способа и устройства позволит изготавливать кластерные композиционные материалы, имеющие более гомогенную и мелкодисперсную структуру, чем материалы с введенными в структуру частицами микронного диапазона. Кроме того, можно изготавливать сплавы с наследственной и регулируемой неоднородностью. Введение нанокластеров в структуру материала значительно повышает твердость и другие прочностные характеристики.

На ПГДУ имеется возможность получения металлических кластеров с размерами менее 10 нм с минимальным разбросом по дисперсности, заключенных в оболочку из молекул связующего инертного вещества, позволяющего минимизировать коагуляцию и агломерацию кластеров. Разработаны способ получения металлических кластеров и устройство для его осуществления [7].

В заключение следует отметить универсальность плазмогазодинамического метода, с помощью которого имеется возможность, кроме приведенных, реализовать высокотехнологические процессы, связанные с нанесением металлических нанопокрытий и обработкой поверхности изделий с шероховатостью порядка нескольких нанометров.

СПИСОК ЛИТЕРАТУРЫ

1. Липанов А.М., Бесогонов А.П. Плазмогазодинамическая установка для получения и сбора кластеров. В сборнике "Кластерные материалы" Доклады 1-ой Всесоюзной конференции. Ижевск, 1991. С.92 - 94.

2. Волков В.А., Муслаев А.В., Пирумов У.Г. Розовский П.В. Неравновесная конденсация паров металла в смеси с инертным газом при расширении в соплах установок для генерации кластерных пучков // Известия РАН МЖГ, № 3, 1995. С. 80 - 91.

3. Бесогонов А.П. Анализ соответствия критерия кластеризации Хагены параметрам плазмогазодинамической установки // Химическая физика и мезоскопия. 2009. Т. 11, № 4. С. 458 - 461.

4. Смирнов Б.М. Процессы в расширяющемся и конденсирующемся газе // УФН. 1994. Т. 164, № 7. С. 665 - 703.

5. Бесогонов А.П. Метод определения кинетических характеристик с использованием выражения числа Кнудсена через газодинамические параметры // Химическая физика и мезоскопия. 2013. Т. 15, №1. С.65 - 70.

6. Бесогонов А.П. Способ изготовления кластерных композиционных материалов и устройство для его осуществления // Патент РФ на изобретение № 2186866. МКИ 7 С 22С 1/10, B 22 F 3/26, 2002. Бюл. № 22.

7. Бесогонов А.П. Способ получения металлических кластеров и устройство для его осуществления // Патент РФ на изобретение №2183535. МКИ 7B 22 F 9/12, 9/02, 2002. Бюл. № 17.

Баталин Б.С. - проф.каф СИМ ПНИПУ, **Белозерова Т.А.** - ст.пр. каф СИМ ПНИПУ, **Гайдай М.Ф** - аспирант каф. СИМ ПНИПУ

ОСНОВНЫЕ ПРИНЦИПЫ НАНОМОДИФИКАЦИИ СТРОИТЕЛЬНЫХ МАТЕРИАЛОВ ИЗ ТЕХНОГЕННОГО СЫРЬЯ

На основе анализа результатов, полученных в работах прошлых лет, была разработана гипотеза о процессах, происходящих в силикатных, алюмосиликатных, и смешанных сульфатно-силикатных дисперсных системах в присутствии олигопептидов. Гипотеза основана на анализе подобия между условиями литогенеза природных минеральных образований (горных пород) и технологическими характеристиками процессов получения строительных материалов. [1,39]

Сущность гипотезы состоит в следующем.

Олигопептиды способствуют диспергированию перечисленных дисперсных систем. Дисперсные системы за счет олигопептидов приобретают высокую агрегативную устойчивость. Наиболее высокодисперсная часть системы благодаря отсутствию структурирования обладает свойствами геля. Гель под влиянием внутренних или внешних факторов переходит в кристаллическое состояние. При этом внешними факторами могут быть: повышение температуры, давления, воздействие физических полей. В качестве внутренних факторов могут выступать примеси переходных 3d-элементов, других инициаторов кристаллизации. [2] Эта состояние системы является наноструктурным. Присутствующие в системе частицы более крупных размеров оказываются связанными наноструктурированной предкристаллической оболочкой (прослойкой). При температуре в пределах 0 -200°С система может включать также воду. При высоких температурах, приводящих к образованию расплава и удалению воды, возможно инициировать, например, быстрым охлаждением, образования из геля стеклофазы, способной в присутствии инициаторов кристаллизации и подходящем температурно-временном режиме образовать ситалл. Обе разновидности процесса и представляют собой наномодификацию материала. Технологические характеристики наномодификации зависят от конкретного фазового, химического и дисперсного состава исходной системы. Наиболее подходящими объектами для использования технологии наномодификации являются строительные смеси, включающие техногенные материалы (шламы, пеки, отвалы, шлаки), которые, как правило, содержат различного рода инициаторов кристаллизации гелей, гидрогелей и стекол, а также высокодисперсные фракции твердых частиц, а в ряде случаев - и поверхностно-активные органические примеси. [3]

Известно, что органические соединения широко применяются в технологии строительных материалов для модификации свойств дисперсных систем. Так лигносульфонаты, производные ароматических углеводородов типа меланина, нафталина и т.п. применяют в качестве поверхностно-активных добавок: пластификаторов и суперпластификаторов в бетонных и растворных смесях, в керамических массах и т.п. [4,283; 5,49].

Сегодня в Пермском крае остро стоит проблема использования техногенных отходов, так как их накоплено огромное количество. Наиболее рационально было бы вовлекать их в производство. В частности, актуальной является проблема использования отходов угольной промышленности. В Пермском крае в г.Кизеле за 2 столетия разработки угольных шахт скопилось более 27 млн. т. породы, состоящей из глинистых сланцев с прослоями известняка, алевролитами, аргиллитами и др. Терриконики необходимо утилизировать, чтобы улучшить экологическую обстановку в районе и крае в целом.

Приведенные соображения легли в основу исследований физико-химической субстанциональной модели процесса, формирования структуры керамических изделий с заданными характеристиками по прочности, плотности и теплопроводности, с использование терриконников Кизеловского угольного бассейна и коллоидного раствора олигопептидов (КРОП). Целью экспериментов было получение керамического кирпича с повышенными теплоизоляционными свойствами.

Были выбраны два варианта использования терриконников для получения керамики:
- в качестве структрообразующей добавки, содержащей компоненты – инициаторы кристаллизации стекловидной фазы;
- в качестве основного компонента керамической массы.

Кроме того, применили два способа подготовки керамических масс – шликерный и полусухой – и два соответствующих способа формования образцов.

В качестве источника КРОП использовали белковый пенообразователь БГ-20, обладающий высокими характеристиками по кратности и устойчивости пены. Это позволяет создать ячеистую структуру, оптимальную для теплоизоляционных материалов (рис.1).

Рис.1 Структура поверхности высушенного и подготовленного к обжигу композиционного керамического теплоизоляционного материала

В качестве сырьевых материалов для выполнения экспериментальных работ были использованы глины Фокинского месторождения Пермского края и отходы угольной промышленности Кизеловского района Пермского края.

Химический состав использованной глины показан в табл.1.

Таблица 1 Химический состав глин.

SiO_2	Al_2O_3	Fe_2O_3	CaO	MgO	TiO_2	MnO	K_2O	Na_2O	SO_3	P_2O_5	ППП
62,20	12.52	5,12	4.95	2,07	0,68	1.80	2,21	2.11	0,04	0,30	6,00

Глина имеет монтмориллонитовый состав, по структуре глина относится к крупнодисперсным.[6,93]

Пена, полученная из КРОП, имеет кратность не менее 15, время жизни пены – 24 часа. [7,97]

Терриконики Кизеловского угольного бассейна состоят из двух разновидностей отвальных пород: «черные» - углистые глинистые сланцы и аргиллиты и «красные» - так называемые горелые породы, подвергшиеся обжигу в результате самовозгорания сланцев и аргиллитов.

Для получения ячеистой керамики глину затворяли разным количеством воды с добавкой КРОП (2, 4, 6, 8, 10 % от массы глины). Все компоненты тщательно перемешивали в скоростной мешалке до получения однородной массы. Текучесть шликера определяли с помощью вискозиметра Суттарда и заливали образцы-балочки 4х4х16 см. Далее образцы сушили в сушильном шкафу при температуре 180°C в течение 24 часов, после чего обжигали в муфельной печи при температуре 950 – 1050°C в течение 8 часов. У полученных образцов определяли водопоглощение, пористость, предел прочности при изгибе и сжатии, теплопроводность. В результате этих экспериментов была установлена зависимость физико-механических характеристик ячеистого керамического черепка из терриконов от количества КРОП в составе сырьевой смеси. (табл.2)

При концентрации КРОП свыше 6% прочность образцов не повышалась, а при 12% резко падала

Таблица 2 Результаты лабораторных испытаний обожженных образцов с разным содержанием КРОП при В\Т=0,586

КРОП, %	ρ, г/см^3	$R_{сж}$, МПа	$R_{изг}$, МПа	λ, Вт/(м·°С)
2	1,16	31,8	7,3	0,65
4	1,05	32,51	8,4	0,59
6	1,13	31,89	7.4	0,62

В результате исследований установлены закономерности структурообразования в системе терриконик – глина – добавка коллоидного раствора олигопептидов в процессе обжига. Они заключаются в том, что присутствие в составе керамической массы олигопептидов способствует снижению средней плотности, а также обеспечивает высокие прочностные характеристики стеновой керамики за счет образования при обжиге микрокристаллической структуры черепка. Микрокристаллическая структура обусловлена наличием в составе терриконников микропримесей элементов – инициаторов кристаллизации стеклофазы, таких как: Ti, Cr,V, Mo,W.

Методика второй серии экспериментов была принята следующая:

В качестве сырьевого материала использовали черный и красный терриконик, а так же глину. Материал дробили и измельчали до фракции 0,63. После чего перемешивали в определенных пропорциях (табл.3) с применением белкового концентрата и воды в количестве от 0 до 6%. Суммарную влажность приняли равной 6%. После чего формовали образцы – цилиндры диаметром и высотой равным 5 см под давлением 40МПа. Образцы не подвергали сушке, а сразу обжигали в печи при температуре 1050°С в течение 8 часов в муфельной печи. После чего образцы испытывали на сжатие, используя пресс П-10.

Данные, полученные в ходе эксперимента, приведены в таблице 3

Таблица 3- Данные эксперимента

Номер образца	Состав сырьевой массы	Высота до обжига, м	Высота после обжига, м	Прочность, МПа
1	Черный тер. – 45% Красный тер. – 45% Глина – 10% Вода 6% сверх общей массы	0,045	0,04	8,1
2		0,048	0,045	7,3
3		0,05	0,05	7,4
4	Черный тер. – 45% Красный тер. – 45%	0,05	0,05	11,9

5	Глина – 10% Вода 4% сверх общей массы	0,047	0,046	12,8
6	БГ-20 2% сверх общей массы	0,051	0,05	12,6
7	Черный тер. – 45% Красный тер. – 45%	0,055	0,055	17,3
8	Глина – 10% Вода 2% сверх общей массы	0,05	0,048	19
9	БГ-20 4% сверх общей массы	0,05	0,048	18,2
10	Черный тер. – 45% Красный тер. – 45%	0,055	0,055	24,1
11	Глина – 10%	0,05	0,49	25,8
12	БГ-20 6% сверх общей массы	0,05	0,47	25,3

Оптимальное количество КРОП составило 4-6% от общей массы твердых компонентов. Результаты испытаний приведены на рис.2

Интересен тот факт, что плотность образцов при этом практически не меняется, что показано на рис.3.

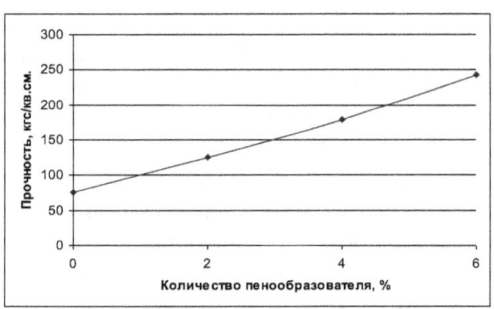

Рис. 2. Зависимость предела прочности черепка при сжатии от количества пенообразователя КРОП.

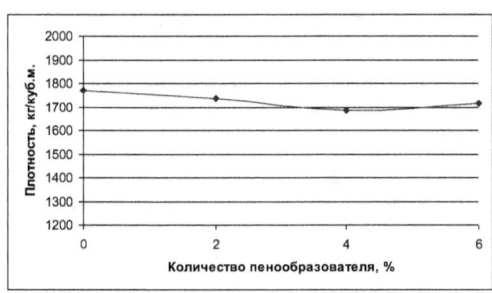

Рис. 3. Зависимость плотности черепка от количества пенообразователя КРОП.

Небольшой пока опыт использования КРОП в качестве пенообразователя для получения строительной керамики показал, что даже если вводить КРОП в керамическую массу для сухого формования изделий, после обжига прочность черепка увеличивается по сравнению с контрольными образцами 2....5 раз, а плотность его снижается. Одновременно снижается огневая усадка.

На полученных электронномикроскопических снимках отчетливо видно (рис. 4), как изменяется структура материала после введения в него КРОП.

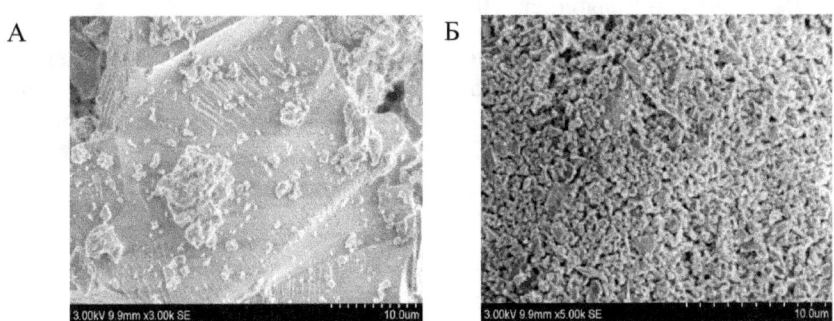

Рис. 4. Электронномикроскопические снимки черепка из терриконикoв

А – стекловидная фаза в черепке без добавки КРОП; **Б** – полностью закристаллизованный черепок с добавкой КРОП

Таким образом, гипотеза об участии наноструктурных элементов в формировании таких сложных материалов подтверждается.

Эксперименты показали, что использование терриконикoв угольных шахт совместно с коллоидными олигопептидными системами целесообразна, как для получения ячеистой керамики высокой прочности, так и для получения рядового керамического кирпича повышенной прочности при меньшей плотности. Применение такой технология позволило хотя бы частично решить экологические проблемы угледобывающих регионов.

Литература

1. Баталин Б.С. О возможности применения золь-гель технологии для переработки сульфатно-кальциевых шламов в высокопрочные водостойкие гипсовые изделия – Сухие строительные смеси, 2013, №1,- С. 38-40
2. Девонский период. http://www.glacial-period.ru/paleozoyskaya/devonskiy-period.html
3. Баталин Б.С., Южаков К.Н.. Литогенез глазами технолога – Фундаментальные исследования.
www.rae.ru/fs/?section=content&op=show_article&article_id=9999754

4. M. Birkholz, U. Albers, and T. Jung, Nanocomposite layers of ceramic oxides and metals prepared by reactive gas-flow sputtering, 179. pp. 279-285 (2004)
5. 3. Сычев М.М. Некоторые аспекты химической активации цементов и бетонов. – Цемент, 1979, №4. – С. 47-50.
6. Б.С. Баталин, Т.А.Белозерова, В.А.Шаманов Композиционная ячеистая керамика // научно – практическая конференция: материалы. – Челябинск, 2009. С.92-95
7. Б.С. Баталин, Т.А.Белозерова, В.А.Шаманов Применение модифицирующих добавок как фактор упрочнения пенокерамических изделий // научно – практическая конференция: материалы. – Екатеринбург, 2009. -С.95-98

Одякова Д.С.
старший инженер
Институт автоматики и процессов управления ДВО РАН;
Парахин Р.В.
аспирант
Институт автоматики и процессов управления ДВО РАН;
Харитонов Д.И.
с.н.с. к.т.н.
Институт автоматики и процессов управления ДВО РАН;

МОДЕЛИРОВАНИЕ ВЗАИМОДЕЙСТВИЯ ОБЪЕКТОВ СИСТЕМЫ УПРАВЛЕНИЯ ЗАДАНИЯМИ В ТЕРМИНАХ СЕТЕЙ ПЕТРИ

Архитектура. В институте автоматики и процессов управления с 2007 года разрабатывается система WBS (Web Batch System) [1]. Цель системы - обеспечить удобный и надежный способ управления заданиями пользователя в гетерогенной вычислительной среде.

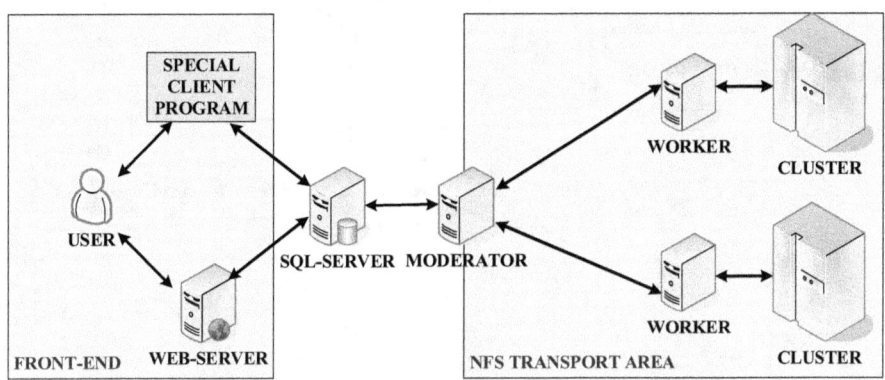

Рисунок 1. Архитектура системы управления заданиями

Архитектура системы управления заданиями состоит из 5 основных компонент, которые представлены на рисунке 1. Компоненты делятся на две зоны доступа. FRONT-END компоненты предоставляют доступ к системе, они реализованы в виде веб-сайта и специальной программы. Веб-сайт позволяет пользователям и администраторам добавлять, останавливать, запускать, редактировать и проверять статус задач, а специальная программа позволяет администраторам подготавливать шаблоны запуска задач для пользователей системы и позволяет пользователям модифицировать собственные шаблоны. BACK-END системы состоит из SQL-сервера, который является центральным звеном системы управления, и компонент доступа к вычислительным ресурсам. Связь SQL-сервера с вычислительными ресурсами осуществляется через компоненту-посредник, называемую MODERATOR. Основные ее функции: извлечение задач из SQL, размещение файлов заданий на NFS-сервере, взаимодействие с компонентами представляющими кластер — WORKER`ами и последующее внесение в SQL-сервер информации о завершении задачи. Каждый WORKER привязан к собственному кластеру и выполняет файлы-инструкции, соответствующие задачам пользователя.

Принципы моделирования. Приоритетным требованием к разрабатываемым системам данного типа является надежность. Проверить надежность системы можно двумя способами – тестированием и математическим доказательством. Тестирование не может обеспечить абсолютной надежности. Поэтому доказательство надежности системы должно быть сделано математическими методами. В частности, это может быть сделано с использованием композициональных сетей Петри предназначенных для моделирования распределенных сетей [2;3].

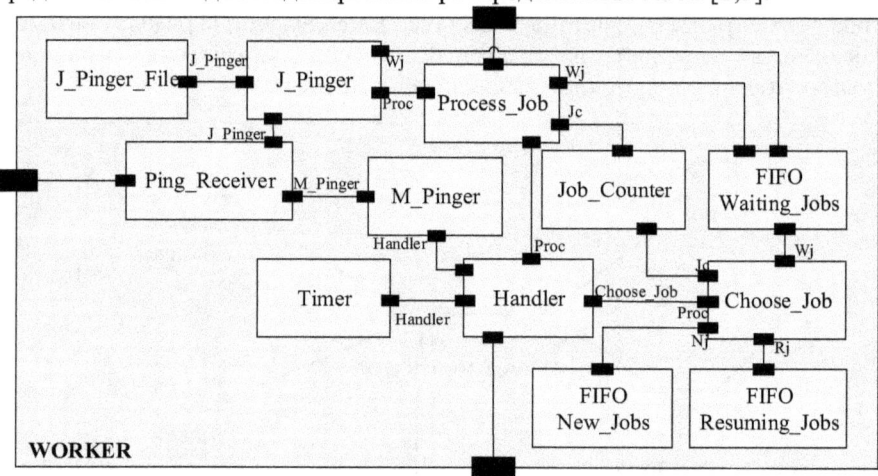

Рисунок 2. представление объекта WORKER

Представим каждую компоненту в виде композициональных сетей Петри. На рисунке 2 изображена композициональная схема компоненты WORKER. Прямоугольниками обозначаются сети Петри, которые соответствуют отдельному объекту, с соответствующим наименованием указанной сети. Закрашенные прямоугольники указывают на точки доступа к соответствующим сетям и их наименование. Для рассматриваемой композициональной сети используются точки доступа по переходам. Три компонента на рисунке Waiting_Jobs, New_Jobs и Resuming_Jobs имеют тип FIFO, что означает очередь «первый пришел – первый вышел», и соответствуют очередям задач, которые ждут запуска на выполнение, новых задач и задач, которые ждут возобновления работы. Объект Job_Counter соответствует счетчику задач, находящихся в данный момент в обработке у WORKER`а. Сеть Ping_Receiver моделирует работу отдельного физического процесса, который отвечает за прием сообщений по TCP/IP от MODERATOR`а и вычислительных узлов, каждый из которых представлен сетями M_Pinger и J_Pinger соответственно. Сеть Choose_Job моделирует процедуру выбора задачи для обработки: сначала проверяется наличие задач у WORKER`а (значение Job_Counter больше 0), затем приоритет имеют задачи, которые ждут возобновления работы, если таковые отсутствуют, то выбираются новые задачи. Сеть Timer представляет собой достаточно простой механизм, который по истечении определенного настройками WORKER`а времени переводит сеть Handler в активное состояние. Основными объектами обработки задач для WORKER`а являются Handler и Process_Job.

Моделирование объектов системы. Представленная на рисунке 3 сеть Петри моделирует работу компоненты Handler. Задача данной компоненты заключается в выборе задания пользователя для передачи на обработку. Если заданий в системе нет, то процесс, отвечающий за работу Handler, переходит в режим ожидания. Выход из этого состояния осуществляется либо при срабатывании таймера, либо при получении сообщения от объекта MODERATOR.

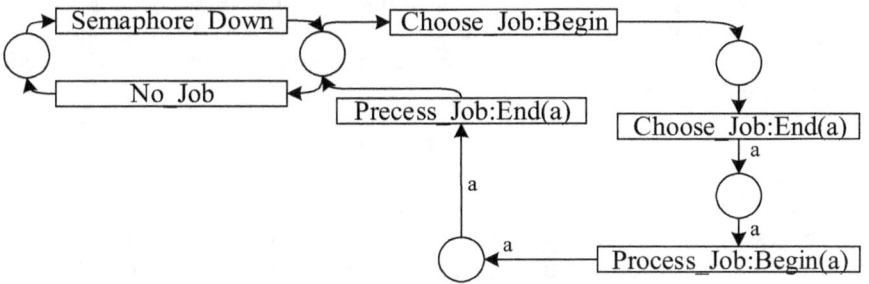

Рисунок 3. Handler

Сеть Петри на рисунке 4 представляет собой модель компоненты Process_Job. Каждое задание пользователя в системе WBS представляет собой совокупность инструкций, которые необходимо выполнить (копирование из директорий, подготовка входных данных для задачи, запуск расчета, обработка результатов расчетов и т.д.). Эти инструкции записаны в файл, из которого WORKER считывает каждую инструкцию последовательно (Get(J,I)), выполняет, а затем удаляет из файла (Remove(I)). Все инструкции задания выполняются в пользовательском режиме, поэтому выполнение процедуры Process_Job начинается с перехода в этот режим (UserMode_Start) и заканчивается выходом из этого режима (UserMode_Stop). Существуют следующие типы инструкций: 1) Exec — запуск файла, для которого указываются при необходимости параметры; 2) Wait — остановка обработки файла-инструкции и перевод задания в состояние ожидающее; 3) EndTask — завершение задачи.

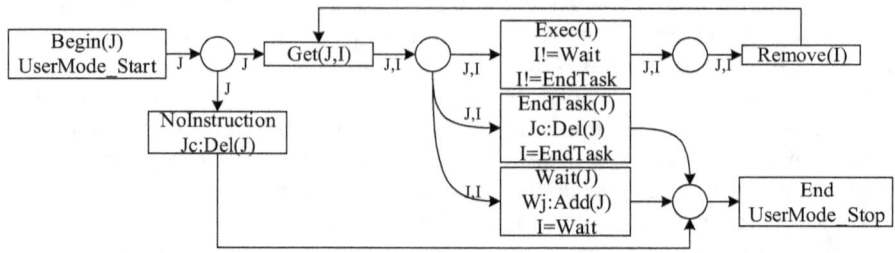

Рисунок 4. Process_Job

Заключение. В настоящей работе рассмотрен подход к моделированию взаимодействия объектов системы управления заданиями в терминах композициональных сетей Петри. В частности, были смоделированы объекты Process_Job и Handler. Целью работы является построение полной модели системы на основании которой будет производиться доказательство ее свойств. Планируется доказать, что: все компоненты системы продолжают работать в случае сбоя других компонент; система восстанавливает общую работоспособность после возобновления работы сбойных компоненты; задачи запущенные до и после сбоя компонент не теряются; если нет возможности проверить состояние задачи, система самостоятельно диагностирует сбой выполнения задачи.

Литература:

1. Levin V.A, Kharitonov D.I., Odyakova D.S.: Organizing of Parallel Processing User-Friendly Dataflow-Oriented Environment for User Tasks Execution on Cluster. In: 12th International Conference, PaCT 2013, pp. 234–241. St. Petersburg, Russia, September 30 - October 4, 2013.
2. Тарасов Г.В., Харитонов Д.И., Голенков Е.А. Об одном представлении функции в модели императивной программы, заданной сетями Петри // Моделирование и анализ информационных систем, Т. 18, №2 (2011), с. 18-38.
3. Анисимов Н.А.,Голенков Е.А., Харитонов Д.И. Композициональный подход к разработке параллельных и распределенных систем на основе сетей Петри. "Программирование" No6, 2001г, стр. 30-43.

Pulina N.A. - PhD, professor, the head of the chair of Pharmaceutical technology, Perm state pharmaceutical academy, Perm, Russia
Kozhukhar V.Y. - postgraduate student, Perm state pharmaceutical academy, Perm, Russia
Makhmudov R.R. - associate professor, the head of the laboratory of biological trials, Perm state national research university, Perm, Russia
Rubtsov A.E. - assistant manager of the chair of Natural biologically active compounds, Perm state national research university, Perm, Russia

RESEARCH OF ANTINOCICEPTIVE ACTIVITY AMONG A SERIES OF AMIDES OF N-SUBSTITUTED 2-AMINO-4-ARYL-4-OXOBUT-2-ENOIC ACIDS

Pain symptoms are a major reason for seeking health care and are associated with large decrements in physical and psychological health followed by lower professional and daily activity [1, 195-200]. Recently, taking into account the very high prevalence of pathological processes accompanied by pain, analgesic drugs have acquired higher importance. Because of low efficiency in the existing pharmacy assortment of some analgesics the search for new biologically active compounds with analgesic potency having a minimum number of side effects remains urgent.

It is known that hetarylamides of 4-aryl-2-hydroxy-4-oxo-2-enoic acid have a broad spectrum of biological activity with low toxicity due to the structural similarity to natural metabolites in living organism [4, 40-43; 6, 124-127]. There is a certain interest in 5-aryl-3-arylimino-3H-furan-2-ones because of their rich synthetic possibilities [3, 163-186; 5, 739-744]. Reactions of iminofurans recyclization under the effect of NH-nucleophiles and primarily heterocyclic amines allow pharmacophore fragments to be placed into their molecular structure and produce new amide derivatives of 4-aryl-4-oxobut-2-enoic acids. However, this transformation has been insufficiently studied.

The purpose of this study is to find new synthesis and compounds among a series of amide derivatives of N-substituted 2-amino-4-aryl-4-oxobut-2-enoic acids with antinociceptive activity.

IR spectra were recorded on a FSM-IR-1201 spectrometer (Russia) with the pasta in white oil. ^{1}H-NMR spectra were measured on a BS-567A NMR System (100 MHz) spectrometer with internal standard - HMDS, the solvent DMSO-d_6. The data of elemental analysis carried out on the device LECO-CHN (S) 932, agree with the pre-calculated values. The chemical purity of the compounds and the reaction is monitored by TLC plates Sorbfil PTLC n-type A-254 UV in systems benzene-ether-acetone, 10:9:1, benzene and ether 1:1. Spots were detected by UV radiation.

Initially, we obtained 2-arylamino-4-aryl-4-oxobut-2-enoic acids (*IIa-d*) based on a 4-aryl-2-hydroxy-4-oxobut-2-enoic acids (*Ia-b*) by the known method [3, 163-186], which under the action of acetic anhydride were transformed to 3-arylimino-5-arylfuran-2(3H)-ones (*IIIa-d*). Amides of N-substituted 2-amino-4-aryl-4-oxobut-2-enoic acid (*IVa-l*) were obtained by interaction of iminofuranones (*III*) with a number of appointed amines according to a scheme:

I: R^1=H (a), Cl (b).
II, III: R^1=H, Ar=4-BrC$_6$H$_4$ (a), 2-CH$_3$-4-ClC$_6$H$_3$ (b), 4-COOC$_2$H$_5$C$_6$H$_4$ (c); R^1=Cl, Ar=4-BrC$_6$H$_4$ (d).
IV: Ar=4-BrC$_6$H$_4$, R^1=H, R^2=C$_3$H$_3$N$_2$O (a), C$_6$H$_9$N$_2$O (b), C$_5$H$_6$N$_3$O$_2$ (c), C$_{12}$H$_{15}$N$_2$O (d), C$_{10}$H$_{15}$ (e), C$_5$H$_7$N$_2$ (f); Ar=4-BrC$_6$H$_4$, R^1=Cl, R^2=C$_4$HN$_2$ (g), C$_9$H$_9$O$_2$ (h); Ar=C$_7$H$_6$Cl, R^1=H, R^2=C$_4$HN$_2$ (i), C$_5$H$_7$N$_2$ (j); Ar=C$_9$H$_9$O$_2$, R^1=H, R^2=C$_3$H$_3$N$_2$O (k), C$_4$H$_5$N$_4$ (l).
R^2=C$_3$H$_3$N$_2$O (4-methyl-1,2,5-oxadiazol-3-il), C$_6$H$_9$N$_2$O (4-izobutil-1,2,5-oxadiazol-3-il), C$_5$H$_6$N$_3$O$_2$ (4-N-dimethylamide-1,2,5-oxadiazol-3-il), C$_{12}$H$_{15}$N$_2$O (4-adamantil-1,2,5-oxadiazol-3-il), C$_{10}$H$_{15}$ (adamantil), 4-COOC$_2$H$_5$C$_6$H$_4$ (4-R-ethylbenzoate), C$_5$H$_7$N$_2$ (4-methylpirimidyne-2-il), C$_4$H$_5$N$_4$ (2-amino-6-methyl-1,3,5-triazole-4-il).

The structure of decyclized derivatives *IV* is proved by IR, ^{1}H NMR spectroscopy, elemental analysis which is in good agreement with published data for related structures [5, 739-744].

Antinociceptive activity was assessed using the method of thermal stimulation on white nonlinear mice weighing 18-22 grams [2, 39]. The tested compound was injected intraperitoneally (ip) at a dose of 50 mg/kg as a suspension in a 2% starch solution 30 minutes before placing the animals on a hot plate. The criterion of pain stimulation was a latent period (in seconds) of the mouse putting on the "hot plate" before the first signs of a defensive reaction (withdrawal or licking paws, vertical stand). Control animals received simultaneously an equivolume of 2% starch solution. Comparison drugs were metamizole sodium in dose of 93 mg/kg (ED_{50}) and diclofenac in dose of 10 mg/kg (ED_{50}). The results statistically processed using MS Excel 2003 are shown in Table 1.

Table 1

Substance	Dosage mg/kg	Latent period of a defensive reaction, in sec (in 120 min)
control 2% starch solution	50 mg/kg, ip	10,20±0,37
metamizole sodium	93 mg/kg (ED_{50})	16,33±3,02
diclofenac	10 mg/kg (ED_{50})	26,20±0,61
a	50 mg/kg, ip	20,10±2,82**1*2*3
b	50 mg/kg, ip	20,22±1,26***1*2***3
c	50 mg/kg, ip	20,19±2,53***1*2***3
d	50 mg/kg, ip	18,14±2,56**1*2*3
e	50 mg/kg, ip	16,94±1,12***1*2***3
f	50 mg/kg, ip	18,00±2,56**1*2*3
g	50 mg/kg, ip	26,50±1,22***1*2*3
h	50 mg/kg, ip	19,08±0,45***1*2*3
i	50 mg/kg, ip	25,30±1,46***1*2*3
j	50 mg/kg, ip	19,34±2,05***1*2***3
k	50 mg/kg, ip	20,58±0,88***1*2***3
l	50 mg/kg, ip	25,34±0,52***1*2*3

$^* = p < 0,05$, $^{**} = p < 0,01$, $^{***} = p < 0,001$

1 - compared with control; 2 - compared with metamizole sodium; 3 - compared with diclofenac

Thereby, the tested substances showed antinociceptive effect at and above the comparator indicators, significantly reducing the threshold for pain sensitivity compared to the control. The highest activity among amides *IV* belongs to the substance *IVg* containing a fragment of 1,4-piperazine. The substances comprising fragments of 1,4-piperazine (*IVi*) and 2,4-diamino-6-methyl-1,3,5-triazole (*IVl*) showed slightly inferior activity compared to the previous one.

The results of the studies have established certain correlations between structure and activity and will be used by us in the purposeful synthesis of new biologically active substances in a series of N-substituted 2-amino-4-aryl-4-oxobut-2-enoic acids.

This work is supported by RFBR (project № 11-03-00882).

References

1. Gurejea, O. A cross-national study of the course of persistent pain in primary care // O. Gurejea, G. Simonb, M. Korff / Pain. – 2001. – Vol. 92. P. 195-200.
2. Gatsura, V.V. Metody pervichnyh farmakologicheskih issledovaniy biologicheski aktivnyh veschestv. – M.: Medicina, 1974. – 39 s.
3. Zalesov, V.V. Sintez, stroenie i himicheskie svoistva N-zameschennyh 2(3)-imino-2,3-digidrofuran-3(2)-onov (obzor) // V.V.Zalesov, A.E. Rubtsov / HGS. – 2004. – №2. – S. 163-186.
4. Izuchenie protivomikrobnoy aktivnosti metallokompleksov margantsa, kobal'ta, nikelya na osnove proizvodnyh aroilpirovinogradnyh kislot / N.A. Pulina, F.V. Sobin, T.F. Odegova [i dr.] // Vopr. biol., med. i farm. himii. – 2010. – №10. – S. 40-43.
5. Rubtsov, A.E. Himiya iminofuranov. I. Deciklizaciya N-zameschennyh 5-aril-3-imino-3N-furan-2-onov pod deistviem ON- i NH-nukleofilov // A.E.Rubtsov, V.V. Zalesov / ZhOrH. – 2007. – T. 43. – №5. – S. 739-744.
6. Sintez, gipoglikemicheskaya i protivovospalitel'naya aktivnost' kompleksnyh soedineniy na osnove N-getarilamidov 4-aril-2-gidroksi-4-okso-2-butenovyh kislot / N.A. Pulina, F.V. Sobin, A.I. Krasnova [i dr.] // Him.-farm. zhurn. – 2011. – T.45, №5. – S. 124-127.

Гукасов А.К., Гукасова Е.В.
старший преподаватель, ФГБОУ ВПО «Вятский государственный университет», Россия, Киров
старший преподаватель, ФГБОУ ВПО «Вятский государственный университет», Россия, Киров

ЧИСЛЕННОЕ РЕШЕНИЕ ЗАДАЧИ ОПТИМАЛЬНОГО УПРАВЛЕНИЯ ГРАНИЦЕЙ ФАЗОВОГО ПЕРЕХОДА ПРИ КВАЗИСТАЦИОНАРНОМ ПРОЦЕССЕ

Пусть бесконечная пластина движется вдоль теплового источника. Направление движения совпадает с осью x. На достаточно большом расстоянии от теплового источника температура принимается равной нулю. Процесс будет описываться следующей квазистационарной задачей Стефана.

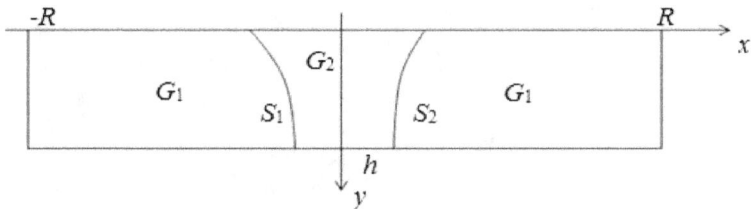

G_1 – твердая фаза, G_2 – жидкая фаза.

$$b\frac{\partial u}{\partial x} - \frac{\partial}{\partial x}(a\frac{\partial u}{\partial x}) - \frac{\partial}{\partial y}(a\frac{\partial u}{\partial y}) = 0$$

$$a = \begin{cases} a_1, (x,y) \in G_1 \\ a_2, (x,y) \in G_2 \end{cases}; \quad b = \begin{cases} b_1, (x,y) \in G_1 \\ b_2, (x,y) \in G_2 \end{cases};$$

$$\left(a\frac{\partial u}{\partial n}\right)_2 - \left(a\frac{\partial u}{\partial n}\right)_1 = \lambda(n, V),$$

где n – нормаль к $S = S_1 \cup S_2$, V – вектор скорости;

$$(u)_2 - (u)_1 = 0;$$

$$a\frac{\partial u}{\partial y} = 0 \quad \text{на} \quad \begin{cases} y = 0 \\ x \in [-R, -\alpha] \cup [\alpha, R] \end{cases};$$

$$-a\frac{\partial u}{\partial y} = g(x) \quad \text{на} \quad \begin{cases} y = 0 \\ x \in [-\alpha, \alpha] \end{cases};$$

$$u(-R, y) = u(R, y) = 0;$$

$$a\frac{\partial u}{\partial y} = 0 \quad \text{на} \quad \begin{cases} y = h \\ x \in [-R, R] \end{cases}.$$

Рассмотрим следующую задачу: управляя тепловым потоком $g(x)$ добиться минимального отклонения границы фазового перехода от заданной границы S.

Учитывая, что на границе фазового перехода S значение u равно температуре плавления θ, зафиксируем желаемую границу S и рассмотрим задачу минимизации функционала

$$J(g) = \left\| u \right|_S - \theta \right\|_H^2 \to \min, \quad \left\| g \right\|_{L^2(-\alpha,\alpha)} \leq R, \qquad (1)$$

где $H = L^2(S_1) \times L^2(S_2)$.

Представим функцию $u(x,y)$ в виде суммы
$$u(x,y) = v(x,y) + w(x,y),$$
где $v(x,y)$ – решение задачи

$$b \frac{\partial v}{\partial x} - \frac{\partial}{\partial x}(a\frac{\partial v}{\partial x}) - \frac{\partial}{\partial y}(a\frac{\partial v}{\partial y}) = 0;$$

$$\left(a\frac{\partial v}{\partial n} \right)_2 - \left(a\frac{\partial v}{\partial n} \right)_1 = 0;$$

$$(v)_2 - (v)_1 = 0;$$

$$a\frac{\partial v}{\partial y} = 0 \quad \text{на} \quad \begin{cases} y = 0 \\ x \in [-R, -\alpha] \cup [\alpha, R] \end{cases}; \qquad (2)$$

$$-a\frac{\partial v}{\partial y} = g(x) \quad \text{на} \quad \begin{cases} y = 0 \\ x \in [-\alpha, \alpha] \end{cases};$$

$$v(-R, y) = v(R, y) = 0;$$

$$a\frac{\partial v}{\partial y} = 0 \quad \text{на} \quad \begin{cases} y = h \\ x \in [-R, R] \end{cases}.$$

Если задача (2) при $g(x)=0$ имеет только нулевое решение, то она однозначно разрешима в пространстве $W_{2,0}^1$ [3] для любой функции $g(x) \in L^2(-\alpha,\alpha)$ и будет выполняться неравенство [3]

$$\left\| u \right\|_{W_{2,0}^1} \leq C \left\| g \right\|_{L^2(-\alpha,\alpha)}. \qquad (3)$$

Рассмотрим оператор $A: L^2(-\alpha,\alpha) \to H$, сопоставляющий функции g след решения v задачи (2) на S. Пользуясь неравенством (3) можно показать, что оператор A непрерывен.

Положим $z = \theta - w|_s$. Тогда задачу (1) можно переписать в виде

$$J(g) = \left\| v \right|_S - z \right\|^2 = \left\| Ag - z \right\|^2 \to \min, \quad \left\| g \right\|_{L^2(-\alpha,\alpha)} \leq R.$$

Пусть $\{h_k\}, \{e_k\}$ - базисы в $L^2(-\alpha,\alpha)$ и H соответственно. Критерий оптимальности будет иметь следующий вид [1]:

$$\langle \Psi, Ah_k \rangle_H + \gamma \langle g, h_k \rangle_{L^2(-\alpha,\alpha)} = 0$$
$$\langle \Psi, e_k \rangle_H - \langle g, A^* e_k \rangle_{L^2(-\alpha,\alpha)} = -\langle z, e_k \rangle_H,$$
$$\gamma(\|g\| - R) = 0, \|g\| \leq R, \gamma \geq 0$$

где $\Psi = Ag - z$, сопряженный оператор A^* определяется равенством
$$A^* z = \psi \big|_{x \in [-\alpha, \alpha], y=0},$$
где ψ – решение следующей сопряженной задачи
$$b\frac{\partial \psi}{\partial x} + \frac{\partial}{\partial x}(a\frac{\partial \psi}{\partial x}) + \frac{\partial}{\partial y}(a\frac{\partial \psi}{\partial y}) = 0,$$
$$\left(a\frac{\partial \psi}{\partial n} + b\psi \cos(n,x) \right)_2 - \left(a\frac{\partial \psi}{\partial n} + b\psi \cos(n,x) \right)_1 = z,$$
$$(\psi)_2 - (\psi)_1 = 0;$$
$$a\frac{\partial \psi}{\partial y} = 0 \quad \text{на} \quad \begin{cases} y = 0 \\ x \in [-R, R] \end{cases};$$
$$\psi(-R, y) = \psi(R, y) = 0;$$
$$a\frac{\partial \psi}{\partial y} = 0 \quad \text{на} \quad \begin{cases} y = h \\ x \in [-R, R] \end{cases}.$$

Пусть $z = \sum_{i=1}^{\infty} z_i e_i$, $z_N = \sum_{i=1}^{N} z_i e_i$.

Рассмотрим аппроксимирующие задачи
$$U_N = \{ g \in \langle h_1, ... h_N \rangle : \|g\| \leq R + \beta_N \}$$
$$\beta_N \to 0$$
$$J_N(g) = \|Ag - z_N\|^2 = \left\| \sum_{i=1}^{N} (g_i A h_i - z_i e_i) \right\|^2 \to \min, \quad g = \sum_{i=1}^{N} g_i h_i \in U_N,$$

Для решения этих задач можно воспользоваться двойственным регуляризованным методом [2].

Для этого введем регуляризованные задачи
$$T_N(g) = J_N(g) + \alpha_N(\|g\|^2 - R^2) \to \inf, \quad g \in U_N, \alpha_N \to 0.$$

Введем функцию Лагранжа
$$L_N(g, \lambda) = J_N(g) + (\alpha_N + \lambda)(\|g\|^2 - R^2), \quad \lambda \geq 0.$$

Решая двойственную задачу
$$\inf L_N(g, \lambda) \to \sup \quad g \in L^2(-\alpha, \alpha), \lambda \geq 0,$$
найдем последовательность $\{g_N\}$ приближений оптимального управления g, которая будет в общем случае слабо сходиться к множеству оптимальных решений.

Литература

1. Васильев Ф.П., Ишмухаметов А.З., Потапов М.М. Обобщенный метод моментов в задачах оптимального управления. – М.: Изд-во Моск. ун-та, 1989. – 142 с.
2. Ишмухаметов А. З. Двойственный регуляризованный метод решения одного класса выпуклых задач минимизации.//ЖВМиМФ, 2000, Т. 40, № 7, С. 1045 – 1060.
3. Ладыженская О.А. Краевые задачи математической физики. – М., 1973. – 408 с.

Olga V. Dekhnich
Associate Professor, Candidate of Philological Sciences,
Belgorod National Research University

LANGUAGE, CULTURE AND CONCEPTUAL METAPHOR THEORY: THE CASE STUDY

Linguistics of today is characterized by interdisplinarity and synthesis of many scientific paradigms. It requires the openness and transparency of scientific boundaries, free access to any information source, exchange of research methods, and leads, in our opinion, to "scientific globalization".

In this respect, we can admit that cross-disciplinary relations within the human sciences give birth to new linguistic paradigms, one of them is cultural linguistics that represents a linguistics branch stemming from linguistics and cultural studies and looks into natural national languages and how immaterial and material cultures are manifested in them [8, 2001]. In other words, as Professor Farzad Sharifian puts it 'cultural linguistics' "attempts to understand language as a subsystem of culture and examine how various language features reflect and embody culture" [9, 3]. In an even broader sense of the term, 'cultural linguistics' is a study of language, culture and thought. It is a theory which comprises the combined resources of anthropological linguistics, cognitive linguistics, anthropology, cognitive anthropology, social studies, cultural studies, psychology, and cognitive psychology.

Today one can count from 500 up to 1000 definitions of "culture" which shows the immanent interest towards this issue throughout centuries. Culture comprises everything created with human brain and hands, everything created by a Homo sapiens. There is one thing that unites all definitions that 'culture' is a characteristics of human not animal activity.

For instance, Geerts and Weber define human condition in relations to culture as that of "an animal suspended in webs of significance he himself has spun" [4, 61]. 'Culture' from the Latin verb '*colere*' 'to cultivate' and the noun '*cultura*', the term 'culture' is used today mainly with two meanings; the first and the oldest of these, originating from F. Bacon's theory (17th), "refers to the body of knowledge and manners acquired by an individual", whereas the second concept views culture as "the shared customs, values and beliefs which characterize a given social group, and which are passed down from generation to generation" [ibid.]. See, for example, the definition given by a popular contemporary anthropologist Kate Fox, 'culture' is "the sum of a social group's patterns of behaviour, customs, way of life, ideas, beliefs and values" [5, 10], which traces back to classical Tylor's definitions of 1871 who describes 'culture' as "complex whole which includes knowledge, belief, art, morals, custom, and any other capabilities and habits acquired by man as a member of society" [4, 61].

Within the cultural linguistics framework, we consider most relevantly to view culture as two interrelated entities. On the one hand, culture is a system of shared collective beliefs, traditions, customs, norms, values and worldview of a given cultural group; on the other hand, the term 'culture' refers to a definite group (or subculture) of people who are joined together by special knowledge, common demands, interests, and language. The latter is functioning within the first one, so-called culture in the broad sense or 'Culture' with the capital 'C'.

Nikolai Alefirenko in his book *'Live' Word: Issues of Functional Lexicology* describes language of culture as a multilevel semiotic system of a special kind able to convey cultural information through verbalization of cultural conceptualizations [1, 166]. Cultural conceptualizations in terms of Gary B. Palmer and Farzad Sharifian can be defined as "conceptual structures, such as 'schemas', 'categories' and 'conceptual metaphors', which not only exist at the individual level of cognition but also develop at a higher level of cultural cognition, where they are constantly negotiated and renegotiated through generations of speakers within a cultural group, across time and space" [2; 9, 5].

In general, the Conceptual Metaphor Theory, initiated by George Lakoff and Mark Johnson (1980), attracted many followers and opponents. One of the basic theoretical points is that metaphor and culture are related, "metaphor is grounded in culture" [7; 6]. Thus, conceptual metaphors characterize cultural categorization and schematization in a particular culture conceptualization of anything being conceptualized.

Different peoples may share the same or similar conceptual metaphors, which may be realized by similar or different linguistic metaphors. Even if there are similar conceptual metaphors across languages and cultures, their set of mappings can be different, so as the key associations for the creation of metaphors [3, 48]. One should not forget that language is a key means for encoding/decoding and communicating these conceptualizations through symbols, metaphors, idioms. If we to adopt a cultural linguistic perspective, we have to explore how such conceptualizations have their roots in particular cultural traditions. [9, 5].

For instance, Russian, Ukrainian and English agree on SLENDERNESS IS AN UPRIGHT THIN PLANT/PART OF THAT PLANT conceptualization, but the conceptual metaphors and metaphorical expressions can be different. In Russian there are the following metaphorical expressions: *stroinyi(aya) kak berezka (slender as a birch), stroinyi kak topol / stroinaya kak topolyok (slender as a poplar), stroinyi kak kiparis (slender as a cypress), stroinaya kak loza (slender as a vine), stroinyi kak trostnik/trostinochka, trostinochka.* In English we find *as slender as a withy, twiglike, as slender as a willow, willowy girl, reedy.* In Ukrainian occur the following expressions: *strunkyi, yak topolya (slender as a poplar), strunkyi, yak yasen (slender as an ash-tree), strunkyi, yak yalynka (slender as a fir tree), strunkyi, yak smerichka (slender as a fir tree), strunkyi, yak khvoinka (slender as a fir-needle), strunkyi, yak lozyna (slender as a vine), strunkyi, yak ocheret (slender as a reed)*.

These examples show that Russian, Ukrainian, and English conceptualize the notion of slenderness in similar ways. In their minds peoples can address the same source domains and target domains while speaking about slenderness. This is evidently the result of the shared basic experiences across three different cultures.

Slight differences occur when it comes to exact species and cultural inventiveness, word and linguistic metaphor production. In Russian the source domain identified by *a birch, poplar, cypress, vine, reed*; in English these are a *willow, twig, withy, reed*; in Ukrainian the prototype plants are *a poplar, ash-tree, fir-tree, vine, reed*. Ukrainian shows the most instances of linguistic metaphors. They comprise both English and Russian. This can be described, on the one hand, by close geography, history and historical language development, on the other hand by peculiarities of terrain, local plant kingdom, and cross-cultural influences, etc.

Hereby, cultural communities, united by the same language, use analogies between the world of a man and plant kingdom in a similar way to conceptualize the worldview metaphorically with some culture-specific distinctions.

References:

1. Alefirenko, N. 'Live' Word: Issues of Functional Lexicology. M. : Flinta, 2009. 344p.
2. Applied Cultural Linguistics. Implications for Second Language Learning and Intercultural Communication. ed. by Sharifian F., Palmer G. B. Amsterdam/Philadelphia : John Benjamins Publishing Company, 2007. 172 p.
3. Dekhnich, O. Tree Metaphor from a Cognitive Perspective. Contemporary Approaches to Language and Communication Studies and Issues of Linguistic Didactics. Belgorod : 'POLYTERRA', 2012. P. 47-49.
4. Dictionary of Race, Ethnicity and Culture ed. by Bolaffi G., Bracalenti R., Braham P., Gindro S. London : SAGE Publications Ltd., 2003. 355 p.
5. Fox, K. Watching the English. The Hidden Rules of English Behaviour. London : Hodder, 2004. 424 p.
6. Kövecses, Z. Metaphor in Culture: Universality and Variation, Cambridge : Cambridge University Press, 2005. 314 p.
7. Lakoff G., Johnson M. Metaphors We Live By. Chicago : the University of Chicago Press, 1980. 256 p.

8. Maslova, V. Lingvoculturology. M. : Izdatelskiy Tsentr "Akademiya", 2001. 208 p.
9. Sharifian, F. Cultural Linguistics. Inaugural Professorial Lecture. Monash University, 2011. 10 p.

Кандюк-Лебедь С.В.
преподаватель, аспирант Национального педагогического университета им. М.Драгоманова

ЖАНРОВЫЕ ОСОБЕННОСТИ МЕМУАРНОЙ ПРОЗЫ НАЧАЛА XIX ВЕКА

Категория «жанр» сегодня имеет огромные потенциальные возможности, которые раскрывают идейно-художественное содержание произведения, - надо лишь подходить к ней динамически, с учетом того художественного метода, который господствовал в литературе исследуемого периода. Прав Д. Затоньский, отмечая: «Желая постигнуть содержательность конкретного жанра, его следует поставить в исторический контекст, который его создал; и это всегда будет контекст литературного направления. .. жанр способен по-настоящему выявить ... свою динамическую, свою переменчивость...» [5, 9].

Мнение Д. Затоньского разделяет и известный русский литературовед В. Шкловський: «Жанр существует в самоотрицании, в столкновении уже стертых, но не забытых, отмирающих степеней. Жанры сталкиваются, как льдины во время ледохода, ... то есть образуют новые сочетания, существовавших ранее единств. Это результат нового переосмысления жизни» [9, 192].

Жанр - это литературоведческая категория, которая сама по себе всегда имеет потенциал движения и постоянства. Наиболее точное определение этой категории дал московский литературовед В. Кожинов, говоря, что жанр являет собой «целостную систему особенностей сюжета, композиции, художественного вещания, ритма сказания» [6, 121-122].

Общее определение мемуаристки практически не вызывает расхождений. «Мемуары - записки о прошлых событиях, сделанных современником или участником этих событий» [7, 297]. «Мемуары - записи людей о событиях прошлого, какие они наблюдали или в которых участвовали» [8, 251]. «Мемуары - литературное произведение, которое повествует в форме записок от имени автора о прошлых событиях, участником или свидетелем которых он был» [10, 216]. Как видим, литературоведческое толкование данного понятия практически совпадает с повседневным представлением о нем.

Понятие жанровой специфики мемуаристки объединяет в себе разные за жанром и степенью художественности произведения. Их можно размежевывать на художественные и нехудожественные мемуары. К нехудожественным мемуарам следует отнести воспоминания непрофессиональных авторов: военных, политических деятелей, дипломатов. Как образец, в этом случае можно назвать воспоминания Ильи и Егора Тимковских, Григория Винского, Михаила Антоновского, Андрея Стороженка и др. Нередко бывает, что и неписательские мемуары имеют элементы художественности. Все зависит от таланта и эстетических возможностей мемуариста. Но независимо от стиля написания мемуаров, когда «свидетельства мемуаристов расходятся, это не мешает нам считать мемуары документальным родом литературы» - считает Л. Гинзбург и додает: «Фактическая точность не является обязательным признаком документальных жанров, как сплошной вымысел не является структурным признаком романа» [4, 10-11]. «Воспоминания - отрасль, где документалистика остается в сфере художественного творчества и покидает ее" [11, 373] - отмечали И. Янская и В. Кардин.

Самой простой жанровой формой мемуаристки является письмо. Письмо рассказывает о событиях, которые состоялись в жизни автора, края, в каком он проживает, страны вообще. В нем выразительно оказывается позиция автора письма, прямо и открыто выражает в нем себя.

Близкой к письмам жанровой формой мемуаристки являются дневники. Жанровая специфика дневника заключается в том, что в них отсутствует единственный сюжет, нет общего идейного содержания. Эстетическую целостность дневнику предоставляет автор. Его размышления изо дня в день нанизываются на единственный стержень, предоставляя дневникам определенную, достаточно условную, завершенность. «Писательский дневник, - отмечала исследовательница этого жанра Н. Банк, - вбирает у себя признаки разных прозаических и поэтических жанров, а не просто их механически добавляет» [1, 20].

Более сложной формой мемуаристки являются собственно воспоминания или, как их называет литературовед О. Галич, заметки [3, 43]. Этот жанр характеризуется в первую очередь возможностью ретроспективного взгляда на прошлое, чего не имели и письма, и дневники. Кроме того, здесь автор ничем не ограничен в изображении прошлого; события, о которых он пишет, происходили при его памяти, представляли часть его собственного духовного опыта.

По мнению А. Галича, автор в воспоминаниях «всегда находится где-то на периферии сюжета, он то приближается к его переднему рубежу, то отдаляется в глубину, но никогда не выступает на передний край» [3, 44].

В мемуарах внешние, исторические события складывают основной костяк рассказа, линия автора оказывается сопутствующей им. В мемуарной прозе исторический, культурный, бытовой план - фон, на котором разворачивается описание жизни автора. Таким образом, основное расхождение между двумя жанрами связано с акцентированием предмета изображения на внешних событиях или личностном, автобиографичном аспекте. Мемуарные произведения в основном отличаются упорядоченной сюжетно-композиционной структурой.

Следующей жанровой формой мемуаристки есть записная книжка или записки. Из страниц записной книжки автор появляется перед читателем один без любых посредников. Каждая записана им мысль, отрывок фразы, отдельное слово помогают четче понять его мышление, эмоции и настроения. Записные книжки, как правило, отображают настоящее для автора время. Прослеживая шаг за шагом ход его мыслей, выразительно видишь, как изменялись у автора подходы к действительности, эволюционировало мироощущение и миропонимание. Записные книжки доносят до потомков из прошлого немало штрихов творческого портрета их автора.

Сопоставление записных книжек и мемуаров требует определения их жанровой природы через сравнение с дневниками. Если в дневнике записи имеют организующую основу, которая упорядочивает их начало, покоряется хронологическому принципу, то заметки в записных книжках произвольны, отбивают капризное движение мысли автора или его эмоционального состояния. Таким образом, содержание записной книжки не всегда изображает жизненные наблюдения и биографию самого автора, как это происходит в дневнике.

Следующей распространенной жанровой формой мемуаристки является литературный портрет.

Исследователь этого жанра В. Барахов отмечал: «В современном литературоведении до этого времени остается неясным, что же представляет собой литературный портрет как жанр словесного искусства» [2, 8]. Это один из наиболее "культивируемых" жанров современной литературоведческой науки. В разных литературных родах и жанрах портрет меняется с изменением художественных методов, стилей и литературных направлений. На разных этапах литературного развития, в разных его моментах портрет отличается мерой своей типичности и мерой своей индивидуализации на основе идейного его содержания.

Общность функциональных черт этих жанров позволяет им активно взаимодействовать. Это взаимодействие проявляется таким способом: в один жанр включаются элементы других; жанровая природа произведения временами размыта, наблюдаются случаи сближения жанров (автобиографии и мемуаров, дневников и записок, биографической и исторической прозы).

Жанровые признаки мемуаров накапливались, выкристаллизовывались в течение всего времени своего существования. Корпус мемуарной прозы, который сложился к нынешнему времени, дает возможность утверждать о стойкой тенденции к художественной интерпретации реальности. Это может быть основным свойством мемуаристки.

Богатство творческих возможностей мемуарной прозы проявляется не только за счет конкретных средств литературного воплощения содержания, но также и в результате свойственного ей разнообразия видовых и жанровых модификаций. Пределы мемуаристки не ограничиваются только документальными рассказами о прошлом, потому что к ней относятся произведения, которые синтезируют реальность с художественным рассказом на грани вымысла. Все это расширяет диапазон действия мемуарной литературы. Документальные мемуары являются ценным историческим источником, который находит себе применение в разных областях гуманитарных знаний. Художественно-документальный вариант мемуаристки становится заметным явлением литературного процесса, что особенно очевидно в первой половине XIX ст., когда увеличивается поток мемуарных произведений, активно испытываются новые формы мемуарного рассказа. Активное развитие мемуаристки упрочивает позиции мемуарності как приему словесного творчества.

Обращает на себя внимание то, что реализм и правдивость документа хранит свои позиции в частности и потому, что синтезирует преимущества достоверной информации и отшлифованы временем приемы ее воссоздания. Потребность человечества в правдивой информации стала одной из необходимых ценностей нашей цивилизации и художественно-документальная литература успешно отвечает этой потребности, в частности, выдвигая на ведущую роль и жанр мемуаров.

Литература (источники):

1. Банк Н. Нити времени. Дневники и записные книжки советских писателей / Н. Банк. – Л.: Сов. писатель, 1978. – 246 с.
2. Барахов В.С. Литературный портрет (истоки, поэтика, жанр) / В.С. Барахов. – Л.: Наука, 1985. – 312 с
3. Галич О. А. Украинская документалистика на изломе тысячелетий: специфика, генезис, перспективы / О.А. Галич. - Луганск: Знание, 2001. - 158 с.
4. Гинзбург Л.Я. О психологической прозе / Лидия Гинзбург. – Л.: Советский писатель, 1977. – 463 с.
5. Затонский Д. Художественные ориентиры XX века. / Д. Затонский — М.: Советский писатель, 1988.
6. Кожинов В.В. Жанр / В.В. Кожинов // КЛЭ. – М.: Сов. энциклопедия, 1964. – Т.2. – С.914-917.
7. Литературоведческий словарь-справочник / За ред. Громяка Р.Т., Ковалива Ю.И., Теремка В.И. - К.: Академия, 1997. - 752 с.
8. Новый словарь иностранных слов: 25 000 слов и словосочетаний / Захаренко Е.Н., Комарова Л.Н., Нечаева И.В. – М.: «Азбуковник», 2003.
9. Шкловский В.Б. Жили-были / В.Б. Шкловский. – М.: Совет. Писатель, 1966.
10. Энциклопедический словарь. Брокгауз и Ефрон / Ред. кол.: В.В. Журавлева, В.М. Карева и др. – М.: Сов. Энциклопедия. – Т. 1, 1991. – С. 376.: Т. 2, 1993. – С. 357.: Т. 65, 1901. – С. 183-184.
11. Янская И., Кардин В. Пределы достоверности / И. Янская, В. Кардин. – М., 1981.

Сагадуллина Г.Н.
аспирант, КФУ, г. Казань

ВКЛАД РАФАЭЛЯ МУСТАФИНА В РАЗВИТИЕ ДЖАЛИЛОВЕДЕНИЯ

Статья выполнена при поддержке гранта РГНФ № 13-16-16006

Творчество замечательного поэта-патриота Мусы Джалиля занимает особое место в татарской литературе. Как показано в библиографическом указателе, вышедшим в свет в издательстве Казанского университета еще в 1976 году, стихи М.Джалиля в период с 1919 по 1973 годы были изданы 88 раз и в 56 языках. [1: 15] И это число на сегодняшний день могло увеличиться в два раза. По словам Р.Мустафина, не многие поэты России могут сравниться с М.Джалилем по количеству разных публикации, изданий и переводов. Этот факт подтверждает, что поэзия М.Джалиля не только литературный, но и общественно-политический фактор.

Можно без преувеличения сказать, что поэзия М.Джалиля является драгоценным достоянием всего народа. Отсюда тот громадный, невиданный никогда прежде интерес к его творчеству литературной общественности, критики, литературоведения и широких читательских масс. Изучение жизни и творчества поэта-героя Мусы Джалиля является целым научным направлением литературоведения – джалиловедения.

Джалиловедение изучает жизнь и творчество знаменитого татарского поэта, Героя Советского Союза и Лауреата Ленинской премии Мусы Джалиля. Однако предмет джалиловедения шире, нельзя понять его поэзию вне связи со временем, историческими и литературными событиями и отношениями с товарищами, боевыми соратниками. Джалиловедение на сегодняшний день – самостоятельная область литературоведения со своей методикой, предметом, историей и очень богатой библиографией. По этой теме защищены научные работы, изданы научно-популярные книги и статьи. Необходимо подчеркнуть, что в джалиловедение внесли большой вклад деятели разных национальностей: Л.Небенцаль, Ю.Корольков, К.Симонов, С.Вургун, М.Карим, Я.Ухсай, С.Агиш, В.Огнев, Г.Ломидзе, К.Зелинский, Н.Альтов, Г.Кашшаф, Ш.Маннур, И.Гилязев, Н.Юзиев, Р.Бикмухамметов, Ш.Хамматов, А.Исхак, А.Каримуллин, Х.Джалилова, В.Альтов, К.Барская, В.Воздвиженский, Ш.Рахманкулов, Н.Фокеева, А.Лоцманова, З.Хабибуллина и многие другие.

Патриархом джалиловедения Р.Мустафин называет друга и товарища М.Джалиля, татарского критика и литературоведа Гази Кашшафа [2: 8]. Рафаэль Мустафин, являясь учеником Г.Кашшафа, продолжает его исследовательский путь. Первое его серьезное путешествие состоялось в 1956 году в Среднюю Азию. Далее он ездит в Оренбургскую область, в город Уфу, Новгород, Витебск, в город Фрунзе

Киргизской ССР, в Латвию, в Западный Берлин и т.д. В Берлине Рафаэль Ахметович побывал в тюрьмах Тегель, Шпандау, Плетцензия, на развалинах тюрьмы Моабит, на месте казни М.Джалиля. В июле 1967 года он направляется в город Новгород, в село Мясной Бор, где протекает река Волхов. Экспедиция по местам бывших боев позволила Р.А.Мустафину прояснить и привести в систему противоречивые версии, установить с достаточной долей вероятности время и место пленения Мусы Джалиля. В январе 1968 года Р.Мустафин едет в город Витебск и Витебскую область, по местам восстания 825 батальона. Эта поездка позволила пролить свет на важнейший эпизод и логический результат деятельности подпольной организации М.Джалиля – переход на сторону белорусских партизан 825 батальона легиона «Идель-Урал». В мае 1970 году, в дни двадцатипятилетия Великой победы, Рафаэль Ахметович едет в Латвию, в город Даугавпилс, в Ригу. В результате поездки установлено место лагеря для военнопленных, в котором томился Джалиль. Такого рода поездок, экспедиции в исследовательской деятельности Р.Мустафина было много.

Р.А.Мустафин один за другим находил джалиловцев, встречался, общался, переписывался со многими людьми. Многие из них воевали, встречались с М.Джалилем на поле боя, в плену, некоторые интересовались и сами собирали сведения о поэте. Письма Р.Мустафину приходили из разных концов мира: в них говорилось о работе подпольной группы, о встречах Джалиля с единомышленниками, о скрытой деятельности музыкальной капеллы, о его творческой деятельности в сложной и опасной обстановке и т.д. Рафаэлю Мустафину удалось установить период пребывания М.Джалиля в фашистских застенках после задержания группы татарского подполья на основе показаний и западных заключенных, и очевидцев Биддера, Тиммерманса, Ланфредини, Идриси и др.

Все результаты, достижения, новые находки нашли отражение в его книгах и статьях. Первым серьезным результатом в его творчестве стала книга «Поиск продолжается» (1965), выпущенная в соавторстве с Г.Кашшафом. В результате кропотливой совместной работы по собиранию материалов о Мусе Джалиле и воспоминаний очевидцев появляется книга «Воспоминания о Мусе Джалиле» (1966). В дальнейшем выходят в свет книги «Поэзия мужества» (1966), «По следам поэта-героя» (1971, 1973), «По следам оборванной песни» (1974, 1981, 2004), «Муса Джалиль: Очерк о детстве и юности поэта» (1977), «Муса Джалиль: Жизнь и творчество (довоенный период)» (1986), «Жизнь как песня» (1987), «Красная ромашка: Рассказы о поэте-герое М.Джалиле» (1988). Рафаэль Ахметович с таким же успехом издавал книги о М.Джалиле и на татарском языке: «Муса Җәлил эзләре буйлап» (1968), «Кечкенә Муса турында хикәяләр» (1976), «Җәлилчеләр: Очерклар, җәлилчеләр иҗаты турында» (1988), «Өзелгән җыр эзеннән» (1982, 2011).

Следствием серьезных исследований Р.Мустафина явился большой научный труд под названием «Жизнь и творчество Мусы Джалиля в Моабитский период». 17 июня 1971 года он защитил кандидатскую диссертацию и получил степень кандидата филологических наук. Рафаэль Мустафин ограничил предмет изучения вторым, Моабитским периодом жизни и творчества поэта. Он в своей научной работе подчеркивает: «Такое сужение предмета исследования объясняется тем, что Моабитский цикл Джалиля – это наивысший взлет не только в собственном творчестве поэта, но и во всей татарской поэзии военных лет» [3: 3].

Таким образом, Рафаэль Мустафин в течение многих лет занимался изучением жизни и творчества Мусы Джалиля: он знакомился с многочисленной литературой о поэте, работал в архивах, знакомился и собирал свидетельства очевидцев, ввел с ними продолжительную переписку, посещал места боевых сражений, лагеря и тюрьмы для военнопленных, последовательно знакомил своих читателей с результатами своих поисков. В результате своей кропотливой работы ему удается выяснить многие ранее не известные эпизоды из жизни поэта. Р.Мустафин ввел в оборот джалиловедения ценные свидетельства, которые еще раз доказывают храбрость джалиловцев, и еще раз подтверждает предположение, что до нас дошла небольшая часть творческого наследия поэта. Р.Мустафин, как известный литературовед, дает оценку творчеству М.Джалиля, раскрывает его стихи в свете открывшихся данных, определяет принадлежность стихов поэту. Рафаэлем Мустафиным проделана огромная работа, но, как пишет сам Рафаэлем Ахметович: «Тема Джалиля еще не завершена. Не обнаружено много документов, не известны многие стихи. Его стихи лежат в архивах КГБ и ждут наших рук» [4: 6]. Р.Мустафин продолжил путь Г.Кашшафа, необходимо продолжить путь и самого Р.Мустафина. Но несомненно одно: Р.Мустафин внес огромный вклад в джалиловедение.

Литература

1. Кашшаф Г.– язучы-журналист, педагог, галим… Казань: изд-во КДУ, 2008.

2. Мустафин Р. Моабитский период жизни и творчества Мусы Джалиля в свете новых материалов и изысканий последних лет.10.642-литература народов СССР : дис.на соиск.учен.степ.канд.филол.наук / Мустафин, Рафаэль. - Казань: 1971. – 273 с.

3. Мустафин Р. Моабитский период жизни и творчества Мусы Джалиля в свете новых материалов и изысканий последних лет.10.642-литература народов СССР : автореф. дис. на соиск. учен. степ. канд. филол. наук / Мустафин,Рафаэль. - Казань: 1971. - 24с.

4. Мостафин Р. Ишектән кертмәсәләр, тәрәзәдән керәм. – Шәһри Казан, 2006, 19 май.

Ханова З.Д.
аспирант ФГБОУ ВПО БГПУ им. М.Акмуллы
E-mail: Zaliya007@bk.ru

МЕСТО КОННОТАТИВНОЙ ЛЕКСИКИ НА УРОКАХ РУССКОГО ЯЗЫКА КАК НЕРОДНОГО

Традиционная система обучения русскому языку как неродному долгое время характеризовалась односторонним исходом – рассмотрением его преимущественно в системно-структурном аспекте, это вело к отстранению языка от человека, общества, в котором он функционирует, культуры, которую выражает.

Поиски эффективных путей формирования языковой личности учащихся на уроках русского языка как неродного привели к разработке лингвокультурологического подхода к обучению данного предмета, в центре которого лежит идея взаимосвязанного изучения языка и культуры.

Лингвокультурология – это научная дисциплина синтезирующего типа, пограничная между науками, изучающими культуру, и филологией (лингвистикой). Предмет исследования лингвокультурологии – материальная и духовная культура, созданная человечеством, т.е. все то, что составляет «языковую картину мира» [1, 36-37].

Основным объектом лингвокультурологии является взаимосвязь и взаимодействие культуры и языка в процессе его функционирования и изучение интерпретации этого взаимодействия как единой системной целостности. Основополагающими категориями лингвокультурологии являются понятия языковая картина мира и языковая личность [2, 20].

Для создания в содержании у учащихся на уроках русского языка как неродного соответствующей языку картины мира способствуют лингвокультурологические единицы: лексика с национально-культурным компонентом значения, фразеологизмы и культурологически маркированные тексты.

Лексика с национально-культурным компонентом значения включает безэквивалентную, фоновую и коннотативную лексику.

В данной статье мы рассмотрим место коннотативной лексики в обучении русскому языку как неродному. Изучение коннотации слова позволяет глубже проникнуть в его значение. Наличие или же отсутствие национальной маркированности иноязычного слова можно обнаружить при сравнении с его соответствием в другом языке.

Коннотативная лексика (kon – приставка со-; notation – значение, т.е. – созначение) – лексика, имеющая, помимо прямого значения различного рода, эмоционально-экспрессивные, метафорические, символические созначения, например, *дуб* – символ сильного человека, а также не очень понятливого [2, 22].

Коннотативная лексика – это слова с добавочным, обычно эмоционально-экспрессивным или символическим значением, т.е. слова, имеющие созначения, например, *лиса – хитрости, заяц – трусости, лань – стройности* и др. – лексика, обычно совпадающая по коннотативному значению в разных языках. Но есть слова, коннотация которых не совпадает: например, слово пиявка в русском языке используется с отрицательной коннотацией (прилип, как *пиявка*), в башкирском языке – с положительной (һөлөк кеүек, в коннотативном значении – стройный, красивый) [3, 1275].

Л.В. Кропотова, опираясь на высказывание Дж.С. Милля, утверждает, что коннотация – это признаки, которые сообщаются словом, его представления о коннотации соответствуют современным представлениям о существенных признаках понятия.

Высказывание Дж.С. Милля основано на трехчастном понимании знака (знак – объект, референт и означаемое): денотация – экстенсиональное значение знака, коннотация – его интенсиональное значение. По его мнению, коннотация представляется как знаковая система, для которой другая знаковая система служит предметом выражения [4, 35]. Далее он считает, что значение названия не заключается в том, что это название означает, а на том, что оно соозначает. Коннотативное слова должно рассматриваться как имя из тех предметов, которое оно называет, то есть денотирует, а не как имя того, что оно обозначает, то есть коннотирует. Не зная, какие предметы называет имя, нельзя понять его значение.

Очень многие ученые рассматривали термин «коннотация», у каждого из них были свои утверждения и определение, Рассмотрим некоторые определения.

Например, Л.В. Кропотова в своей статье рассматривает противоречивое мнение двух ученых К. Бюллера и Л. Ельмслева. К. Бюлер считает, что понятие коннотации происходит из схоластической логики и имеет отношение к представлениям. Согласно этим представлениям назывные слова содержат качественную определенность названного [4, 36]. А в структурной семантике понятие коннотации было подвергнуто заметному расширению и изменению. Л. Ельмслев же в свою очередь выдвинул утверждение, что для описания семантического содержания слова к обозначаемым предметам (расширение) и признакам (замысел) обозначаемых предметов относятся также суждения и оценка, связанные в единую языковую общность [4, 37]

Далее смысловой объем понятия «коннотация» расширялся в семиотике, что привело к различному употреблению данного термина: понятие постепенно распространялось и в знаковых системах мышления, таких как изображение, материя и звук.

С.Буллон тоже рассматривает и использует коннотацию по отношению ко всем социокультурным ассоциациям, возникающим у носителей языка в связи с тем или иным словом, и о которых носитель языка может и не знать, так как данные ассоциации соотносятся с культурой и не могут быть переданы посредством традиционной словарной дефиниции или однословным лексическим эквивалентом при переводе [4, 38].

Многие лингвисты связывают коннотацию с эмоционально-окрашенными словами, отличавшимися ярко выраженной экспрессивностью, которые, по мнению Л.И. Кропотовой, любой общенародный язык предоставляет в распоряжение писателя, такого же мнения придерживался и А.И. Ефимов. Данные речевые средства выделяются в составе лексики благодаря тому, что в них номинативные значения осложнены оценочно-характеристическими смысловыми оттенками [4, 38].

Д.Н. Шмелев рассматривает коннотацию с точки зрения стержня слова, а именно: не какое-то отдельное значение слова, а те семантические элементы, которые оказываются общими для всех значений слова. Ученый ставит термин «коннотация» наравне с такими определениями, как «эмоциональные наслоения», «экспрессивная окраска» [5, 250-254].

Е.М. Верещагин определяет коннотацию как семантическую долю значения, дополняющую сведения об объективно существующей реалии сведениями о ее национальной специфике. По его мнению, коннотацию нужно рассматривать с точки зрения страноведческого и культурологического подхода, а слово – это вместилище знания, вмещает в себе и в себя знания о действительности, свойственные как массовому, так и индивидуальному сознанию [6, 46].

В отличие от других исследователей, по утверждению Л.И. Кропотовой, Н.Г. Комлев не наделяет коннотацию эксплицитным содержанием, по его мнению, коннотация – это семантическая модификация значения, включающая в себя совокупность семантических наслоений, чувств, представлений о знаке, логическом понятии или о некоторых свойствах и качествах объектов, для обозначения которых употребляется данное слово-значение. Точнее, коннотация – сумма компонентов, входящих в семантическую структуру знака, формально не содержится в слове-знаке [4, 39].

Уфимский исследователь Т.А. Буркова, исследующая антропонимы, делает вывод, что коннотации являются значимыми элементами языковой номинации. У каждого человека есть личное и добавочное имя. Одним из разрядов таких добавочных имен является прозвище – название, указывающее на какую-нибудь черту, особенность или данное кому-либо в шутку, в насмешку. Прозвища – коннотации – могут выполнять разные функции и иметь разнонаправленные стилистические коннотации в художественном тексте. Прозвища настолько эмоционально и экспрессивно насыщены, что никогда не превращаются в нейтральные слова, а на фоне других собственных имен воспринимаются как стилистически окрашенные единицы [7, 61].

Коннотации параллельны денотации, она определяется как часть значения знака, отражающая в обобщенной форме предметы и явления внеязыковой действительности. Выделено четыре компонента, которые находятся в составе коннотативного аспекта: оценочный, эмоциональный, экспрессивный и функционально-стилистический, некоторые ученые к ним добавляют параметрический, стилевой, культурный, образный и гонофорический.

Коннотативная лексика на уроках русского языка как неродного должна занимать значительное место, так как помогает ученикам обогатить их словарный запас, расширить национальную языковую картину мира, глубже проникнуться в этимологию слова и в его внеязыковое значение. Изучение коннотативной лексики на уроках русского языка как неродного необходимо для того, чтобы это не вело к отстранению языка от человека, общества, в котором он функционирует, культуры, которую выражает.

Коннотативную лексику можно разделить на семантические темы: животные, деревья, насекомые, птицы и т. д. Они в разных культурах символизируют различные качества человека как положительные, так и отрицательные. Например: черёмуха (муйыл) – это листопадное дерево, реже кустарник семейства розоцветных, плодовая и декоративная культура. Кора темно-серая, матовая, с чечевичками, характерного запаха. Цветки душистые, мелкие, белые, собраны в пазушные длинные висячие кисти, богаты нектаром. Плоды – черные блестящие сочные костянки, с одной косточкой, горьковато-сладкие, сильновяжущие, без запаха, созревают в августе-сентябре.

У русского народа слово «черемуха» коннотируется с чистотой, невинностью. Цветы черемухи принято дарить любимой девушке, потому что по народному поверью их запах обязательно одурманит того, в кого человек влюблен, и он или она полюбит вас, также обозначает душевную красоту. Приведем строки Сергея Есенина

Черёмуха душистая
С весною расцвела
И ветки золотистые,
Что кудри, завила.
Кругом роса медвяная
Сползает по коре,
Под нею зелень пряная
Сияет в серебре…

Заметим, что коннотация слова «черемуха» в русском и башкирском языке не совпадает по значению: в первом случае черемуха олицетворяет душевную красоту, точнее невинность и чистоту, а во втором используется в описании женского образа, но в обоих случаях имеет положительное значение.

Рассмотрим название еще одного дерева: яблоня (алмағас) – это небольшие, плодово-декоративные деревья, часто с неправильной, округлой кроной, реже кустарники. Кора ствола темно-серая. Листья – эллиптические или продолговато – летом темно-зеленые, осенью желтые или красноватые. Цветки душистые, белые, розовые или карминовые, на опушенных цветоножках, собраны в зонтиковидные соцветия. Плоды – яблокообразные, у многих видов ярко окрашенные, варьируют по форме и величине.

У русского народа «яблоня (яблоко)» в большей степени символизирует родственные отношения, женское начало, а яблоко – с образом ребенка. В европейской символике яблоко – дерево возрождения к вечной жизни, у славян – это сказочные молодильные яблоки, у греков – это яблоки бессмертия. Таким образом, яблоня олицетворяет собой вечную жизнь. В основном данное выражение используется в отрицательном смысле, отмечая несовершенство ребенка, которое генетически схоже с матерью. В христианских легендах с яблоней и ее плодом связан мотив грехопадения Адама и Евы, соотносящийся с традиционными представлениями о «запретном плоде» как символе любви, плодородия и жизни.

Русский народ богат пословицами о яблоке:

Не тряси яблоко, покуда зелено: созреет, само упадет – терпение, надежда.

Яблоко от яблони недалеко падает - о том, кто унаследовал плохое, неблаговидное поведение от отца, матери.

Также в русском народе есть фразеологизмы:

Яблоко раздора – причина ссоры.

Яблоку негде упасть – переполненное помещение, где совершенно нет места.

Попасть в яблочко – в данном сдучае имеется в виду попасть в цель.

Для башкирского народа «яблоня/яблоко» не совпадает в значении родственных отношений. Для данного народа значима внешняя фактура яблока, его румяность приписывается застенчивой молодой девушке: «Бите алмалай ҡыҙарып китте».

Таким образом, в русском и башкирском народах коннотация слова «яблоня/яблоко» не совпадает, так как в первом случае использование значения слова яблока широко, оно используется и при описании женской красоты, и является запретным плодом, а также причиной несогласий и т.д., а во втором же случае, используется лишь при описании женского образа, но все же фигурирует больше в положитеном смысле.

Следуя из вышесказанного, мы можем утверждать, что коннотативная лексика должна занимать значительное место при обучении русскому языку как неродному. Из приведенных примеров, мы видим, что внеязыковое значение слова в русском языке может совпадать и не совпадать с созначением в родном языке. Понимание внеязыкового значения поможет школьникам, изучающим русский язык как неродной, глубже познать не только язык, но и культуру носителя этого языка

Литература

1. Воробьев В.В. Лингвокультурология (теория и методика): Монография. – М., 1997. – 331 с.

2. Муллагалиева Л.К., Саяхова Л.Г. Русский язык в диалоге культур (уроки русского языка как родного и как языка межнационального общения в 5-11 классах общеобразовательных учреждений). Пособие для учителя. - Уфа: Китап, 2008. – 208 с.

3. Давлетбаева Р.Г., Галеева Л.Г. Лингвокультурологические проблемы лингводидактики в предметной области «русский язык» в поликультурной среде // Вестник Башкирского университета 2009. Т.19. – 1298 с.

4. Кропотова Л.В. История лексической коннотации // Язык и культура. № 1. – 140 с.

5. Шмелев Д.Н. Проблемы семантического анализа лексики. М.: Просвещение, 1987. – 280 с.

6. Верещагин Е.М., Костомаров В.Г. Лингвострановедческая теория слова. – М.: Русский язык, 1980. – 320 с.

7. Буркова Т.А. Стилистические концепции прозвищных имен в немецких литературных текстах // Теория поля в современном языкознании: Межвуз. науч. сб. Уфа: РИО БАШГУ, 2002. – 2012 с.

Курцев Т.И.
аспирант кафедры философии Казанского национального исследовательского технического университета имени А.Н. Туполева

ФИЛОСОФИЯ ИСТОРИИ ИЛИ ПАССИОНАРНАЯ ТЕОРИЯ ЭТНОГЕНЕЗА

Существующие концепции философии истории имеют разный характер и основную дефиницию для классификации и дифференциации периодов человеческой истории или форм социальных объединений. На наш взгляд, существует еще одна концепция, которая может взять на себя роль объяснения процессов истории человечества – пассионарная теория этногенеза.

Пассионарная теория этногенеза, разработанная Львом Гумилевым породила множество споров и интерпретаций. Его обвиняли в недоказанности теории [2, 231], в потасовке и небрежном отношении к историческим фактам, в игнорировании источников [3, 105]. Научный труд Гумилева ставил своей задачей раскрытие механизмов образования и жизненного цикла этносов – процесса этногенеза. «Этногенез и биосфера Земли» – работа на соискание звания доктора географии, к уже имеющемуся званию доктора истории. И действительно, в работе достаточное внимание уделяется вопросу ландшафта и его роли в образовании этносов и их развитии. Но ландшафтом все не ограничивается. По нашему мнению, эта работа выходит за пределы географии, этнологии, истории и биологии и выходит на уровень философии. Причем философии истории.

Лев Николаевич Гумилев в своей работе разбирает труды Шпенглера, Тойнби, Данилевского и их подходы к философии истории.

Одним из основных понятий теории является «этнос». По Гумилеву, этнос не социальная структура, а явление природы. Структура этноса – это не входящие в него люди, а связи между ними. Гумилев в своей работе рассматривает этнос в качестве элемента биосферы – единой органичной среды, ссылаясь при этом на учения Вернадского. Этнос для Гумилева – явление больше биологическое, чем социальное. Причины зарождения этноса кроются в пассионарных толчках, которые происходят в сверхкороткое время на поверхности планеты. Источник пассионарных всплесков не ясен, но Гумилев склоняется к космическому происхождению этого явления. Это некая энергия, пришедшая из Космоса и влияющая на один из элементов всего живого на земле – этносферу. «Мозаичная антропосфера, постоянно меняющаяся в историческом времени и взаимодействующая с ландшафтами планеты Земля, – не что иное, как этносфера. Поскольку человечество распространено по поверхности суши повсеместно, но неравномерно и взаимодействует с природной средой Земли всегда, но по-разному, целесообразно рассматривать его как одну из оболочек Земли, но с обязательной поправкой на этнические различия. Таким образом, мы вводим термин "этносфера". Этносфера, как и прочие географические явления, должна иметь свои закономерности развития, отличные от биологических и социальных»[1, 544].

Гумилев в своей работе не только рассматривает понятие «этнос», не только рассуждает о процессах этногенеза – всего жизненного цикла этноса, но и рассматривает всю человеческую историю именно с этих позиций. История цивилизаций и/или культур через призму этнологии. Первичным для него являются именно этносы и суперэтносы, а не плоды их социальной деятельности. А с учетом того, что все население Земли входит в понятие «этносфера», которое в свою очередь коррелируются с понятием «биосфера» и учением Вернадского о всеобщей целостности жизненных процессов на планете, и с влиянием ближнего Космоса на неё (в том числе, с возможным приходом оттуда и пассионарности), то можно говорить, что Гумилев предлагает нам не просто теорию жизненного цикла этносов, а модель рассмотрения всей истории. У него крайне комплексный подход.

Сам Лев Николаевич считал, что его работа естественнонаучная, но одобрения среди коллег в то время не получил. Строгих доказательств и подтверждений его теории у нас нет до сих пор, только предположения. Но это не отменяет эвристической ценности теории. На наш взгляд, необходимо воспринимать пассионарную теорию этногенеза, прежде всего, как философское осмысление истории, как методологию изучения исторических процессов через призму этносов. Кто-то рассматривает историю через призму социально-экономических отношений или формаций, кто-то через призму цивилизаций или культур, а Гумилев через процесс этногенеза. Ведь это не просто исследование процессов развития этносов, это исследование развития всей антропосферы, которая представляет из себя «лоскутное одеяло» из различных этносов. Сам Гумилев говорил, что его теория: «Не замена учения о примате социального развития в истории, а дополнение его бесспорными данными естественных наук» [1, 865].

Развитие этносов циклично, Лев Николаевич выделял пять фаз жизненного цикла этносов: подъем, акматическая фаза, надлом, инерционная фаза и обскурация. Весь процесс этногенеза в целом, согласно Гумилеву, продолжается (в зависимости от конкретного случая) не более 1200 (1500) лет, считая от момента толчка до выхода из динамического состояния (до полного исчезновения или превращения в реликт), но ни один этнос не существует вечно. «Процессы образования этносов – не эволюционные процессы» – писал Гумилев [1, 770], что в очередной раз подчеркивает уникальность такого подхода. Не смотря на то, что процесс этногенеза имеет достаточно четкие очертания – каждый этнос имеет свои особенности и отклонения от линии развития. Это связанно с динамическими изменениями среды как социальной, так и естественной, включая разности ландшафтов и источников пропитания. «Поэтому можно сказать, что проблема этногенеза лежит на грани исторической науки, там, где ее социальные аспекты плавно переходят в естественные» [1, 536].

«Этногенез – это процесс энергетический, а пассионарность – это эффект той формы энергии, которая питает этногенез» [1, 848]. Именно энергетическая составляющая, расплывчатость понятия «пассионарность», по нашему мнению, не позволяет теории стать строго научной. Однако интуитивная находка Гумилева, нахождение «фактора икс» в процессе формирования новых этносов, делает теорию интересной и популярной. Поэтому, мы считаем, что если использование пассионарной теории этногенеза в этнологии и истории не совсем корректно, то как концепция философии истории вполне уместна.

Литература:

1. Гумилев Л.Н. Этносфера: история людей и история природы ; Этногенез и биосфера земли. – М.: Эксмо, 2012
2. Клейн Л.С. Горькие мысли «привередливого рецензента» об учении Л.Н. Гумилева // Нева. – 1992. – №4
3. Янов А.Л. Учение Льва Гумилева // Свободная мысль. – 1992. – №17

Елизаров М.В.
к. филос. н., Башкирский государственный университет

О СОВРЕМЕННЫХ ТЕНДЕНЦИЯХ РАЗВИТИЯ ГОСУДАРСТВА, ЭКОНОМИКИ И КУЛЬТУРЫ

В начале XXI века мы живём в быстро развивающемся и изменяющемся мире. По сравнению с прежними временами границы стали более прозрачными и скорость взаимодействия между странами значительно возросла.

В этих условиях представители различных научных дисциплин (политологии, экономики, философии, права и антропологии) фиксируют глубокие изменения, происходящие во многих сферах общественной жизни. И большинство учёных связывают эти изменения с процессами глобализации.

В настоящее время глобализация придаёт общую направленность развитию практически всех сфер общества, определяет стиль, ритмы жизни и сознание людей из разных стран на планете. Тем самым глобализация приводит к изменению традиционных ценностей, знаний и представлений о мире. По этой причине В.Б. Кувалдин предлагает искать ключ к пониманию глобализации «…в трансформации того общественного устройства, в котором мы существуем и развиваемся в течение столетий» [1, 35].

Предпосылкой развития современных глобализационных процессов стало появление ряда принципиальных новшеств. Особое место среди них, конечно же, занимает прорыв в Космос во второй половине XX века, который привёл человечество к осознанию того, что оно населяет реальное «глобальное» образование – планету Земля. Важным фактором стало и появление принципиально новых технологий. Как пишет отечественный специалист в области новейшей истории А.И.Уткин, «за последние тридцать лет реактивная авиация сблизила все континенты, а мощь общего числа компьютеров удваивалась в среднем в течение восемнадцати месяцев». В результате «…огромные объёмы информации могут быть перенесены посредством телефона, оптического кабеля и радиосигналов в любую точку земного шара, что революционным образом действует на экономический рост» [2, 129].

Впервые в истории человечества прогресс в развитии технологий глобальной связи предоставил возможность практически всем индивидам по всему миру мгновенно связываться друг с другом и обмениваться самой разной информацией, свободно передаваемой электронными потоками данных по всей планете. К примеру, технологии глобальной мобильной персональной спутниковой связи предоставили индивидам возможность вне зависимости от местонахождения напрямую связываться с любой точкой мира в обход традиционных наземных телефонных сетей. В этом отношении М.Уотерс рассматривает глобализацию как «…социальный процесс, в котором факторы ограничения, налагаемые географией на социальные и культурные устройства, ослабевают, и в котором люди это ослабление осознают» [3, 3].

Благодаря новейшим технологиям передачи информации индивиды получили свободу создавать новые модели поведения и ценности, которые не ограничиваются пределами юрисдикции государства. В результате государства всё меньше начинают восприниматься своими гражданами как автономные социально-политические и культурные миры в классическом понимании. Меняется и субъективное отношение к окружающему миру: идентичность приобретает новое качество – «человек мобильный», что на языке современных философов и антропологов наиболее ярко выражает «единство антропоинформационного существования» [4, 46].

В результате вполне отчётливо обозначилась тенденция уменьшения значимости таких ценностей как патриотизм и сплочённость граждан. Наблюдается и ослабление прочной связи индивида с территорией страны своего происхождения. Как следствие, меняется субъективное отношение человека к территориям иным государств как к «чужой земле». Как писал А.Тоффлер, мы становимся «…свидетелями исторического процесса разрушения значения места в человеческой жизни. Мы воспитываем новую расу кочевников, и мало кто может предположить размеры, значимость и масштабы их миграции» [5, 57].

В этих условиях значительные изменения происходят в политико-правовой жизни. Суверенитет как важнейшая концептуальная основа современного государства удивительным образом вплетается в «глобальную сеть» киберпространства и становится частью электронных магистралей данных и «прозрачных» негосударственных автономных сфер использования власти. В результате государства начинают утрачивать одну из своих главных монополий – легитимную власть по установлению и санкционированию законодательства. В частности, изъявляя желание участвовать в новой «электронной» экономике, например, через Интернет, правительства стран принимают обязательства соблюдать определённые международные правила и стандарты в этой области, которые, в сущности, узурпируют суверенные функции государства. При этом государства добровольно уступают определённую часть своего суверенитета.

Крупные капиталистические фирмы по всему миру более не ограничиваются внутренними пределами государства и национальными рынками. В современном мире они используют всю планету как сферу своей деятельности, активно участвуя во всех или, по крайней мере, в большинстве форм трансграничной активности и межнациональных потоков капитала. В результате, с одной стороны, происходит снижение регулирующей способности государства в области экономики, а с другой – потеря контроля над капиталом, который необходим государству для поддержания собственного жизнеобеспечения. Используя свою возросшую мобильность, транснациональные компании представляют угрозу для государства, подрывая власть последнего, например, в налоговой сфере. К примеру, сегодня ТНК способны требовать от государства трудовых, налоговых и торговых льгот и уступок в обмен на размещение своего производства или производственных участков на территории последнего.

Финансовые и ресурсные возможности таких корпораций бывают настолько велики, что они способны легко «раздавить» местные отрасли промышленности отдельных стран. Впрочем, сказанное больше относится к развивающимся странам. К развитым государствам политика ТНК совсем иная: на сегодняшний день ТНК неспособны ослаблять сильные, так называемые «материнские» государства, к которым можно отнести США, Великобританию, Европейский союз и Японию. Более того, будучи во многом зависимыми от передовых держав, ТНК просто невыгодно их ослаблять.

Наконец, среди наиболее важных явлений современного мира нельзя не отметить тенденцию уменьшения прежнего культурного многообразия. Государство оказывается неспособным ограждать национальную культуру от «размывания». Многие исследователи сегодня прогнозируют появление *«космополиса»* – универсальной цивилизации, которая, в конечном итоге, уничтожит все локальные и национальные различия и лишит народы их уникальности. Уже более четверти века назад Т.Левит, профессор Гарвардского университета, объявил о том, что «мир превращается в некую универсальную систему одних и тех же потребностей… Исчезают и многовековые, исторически сложившиеся национальные особенности народов, например торговые обычаи» [7, 97].

Частным проявлением данного явления выступает тенденция культурного синтеза. Как справедливо отмечает А.Н.Астафьева, «…рост взаимозависимости народов и культур в мире сосуществует с их культурной и социальной суверенностью, что в перспективе должно привести к формированию новых синтетических форм этнокультурной идентификации» [8, 154-55]. Люди проживают в разных уголках планеты, продолжая сохранять высокую степень своей самобытности. Но в отличие от прежних времён эта самобытность теперь уже более не является тем важнейшим вектором, который определяет их культурный опыт и повседневную жизнь: «современную культуру всё меньше определяет местоположение, потому что в него всё больше проникает расстояние» [9, 153].

Распространение технологий и продукции мировых товарных брендов, стремительный рост туризма и числа пользователей Интернета приводят к неуклонному ослаблению устойчивых связей между культурой и той географической средой, где она зародилась и развивалась. Отлучая культуру народов от естественных территорий, глобализация «стирает» те важные связи, которые прежде выступали основными характеристиками любой развитой цивилизации.

Возникает ощущение «беспочвенности» и пустоты, что для многих людей приводит к кризису идентичности, следствием чего является пробуждение национального, религиозного и культурного самосознания и единения. Как следствие, в мире наблюдается значительное увеличение случаев разного рода экстремизма, межэтнических и межрелигиозных конфликтов, что вполне может рассматриваться как реакция людей на опасения об утрате их идентичности.

Исторически сложившиеся традиции, духовные ценности и нормы поведения, т.е. всё то, что формирует национальную культуру разных народов, препятствуют глобализации, а значит, представляют собой силу, действующую в противоположном направлении.

Таким образом, обозначенные тенденции можно представить методом разложения разных сил. В таком случае одна сила будет действовать в сторону сглаживания культурных различий, а другая – в сторону их сохранения. Но первая из них, в конечном счёте, может занять более лидирующее положение по отношению ко второй силе и привести к значительному уменьшению существующего культурного многообразия. Тем не менее, мы считаем, что процесс противоборства вышеназванных тенденций не является столь быстротечным и однозначным.

Литература:

1. Кувалдин В.Б. Глобальность: новое измерение человеческого бытия. / Грани глобализации: трудные вопросы современного развития. – М.: «Альпина Паблишер», 2003. – С. 35.
2. Уткин А.Н. Мировой порядок XXI века. – М.: «Алгоритм», 2000. – С. 129.
3. Waters M. Globalization. – London: Routledge, 1995. – P. 3.
4. Сурова Е.Э. Глобальная эпоха: полифония идентичности. – СПб.: Изд-во «Осипов», Центр изучения культур, 2005. – С. 46.
5. Тоффлер А. Футурошок. – СПб.: «Лань», 1997. – С. 57.
6. Levitt T. The Globalization of Markets // Harvard Business Review. – 1983. – Vol. 61. – 3. – P. 97.
7. Астафьева О.Н. Синергетический подход к исследованию социокультурных процессов: возможности и пределы. – М.: Изд-во Моск. гос. ин-та делового администрирования, 2002. – С. 154-55.
8. Held D., McGrew A. G. Globalization theory: approaches and controversies. Vol. 4 of Global transformations. – Polity, 2007. – P. 153.

Гаджиева У.Р.
магистр Волгоградского государственного технического университета;
e-mail: mayagadgieva@mail.ru;
Леденев С.М.
канд.хим.наук, доцент Волгоградского государственного технического университета;
Гаджиев Р.Б.
старший преподаватель Волгоградского государственного технического университета.

АНАЛИЗ ТЕХНОЛОГИИ ПРОЦЕССА ЗАМЕДЛЕННОГО КОКСОВАНИЯ НЕФТЯНЫХ ОСТАТКОВ

Процесс замедленного коксования тяжелых нефтяных остатков является эффективным, экономичным, обеспечивающим углубление переработки не только нефти но и газовых конденсатов, как в России так и за рубежом. Основным назначением процесса замедленного коксования тяжелых нефтяных остатков является не только получение нефтяного кокса, который рассматривается как побочный продукт, но и максимальная выработка светлых дистиллятов для последующего получения из них моторных топлив. При этом все современные технологии замедленного коксования направлены на снижение выхода нефтяного кокса и увеличении светлых нефтепродуктов, что позволяет существенно повысить глубину переработки нефти.

Настоящая работа посвящена анализу действующей технологии на установке замедленного коксования (УЗК) типа 21-10/7 мощностью по сырью 320 тыс. тонн в год. В качестве исходного сырья на установке может быть использован гудрон установок первичной переработки нефти ЭЛОУ-АВТ или смесь из двух и более компонентов, таких как крекинг-остаток установки термокрекинга, экстракт процесса «Дуосол», асфальт установок деасфальтизации и гудрона. Данная однопоточная установка позволяет проводить процесс при 490-515 °С в течение более 18 часов при умеренном давлении в системе 0,1-0,4 МПа.

Проведенный структурно - функциональный анализ действующей установки на всех уровнях проведения процесса позволил выделить основные подсистемы и их функции, сформировать технические требования к работе данной системы, а также предложить пути совершенствования её работы.

С целью повышения эффективности работы данной установки на основании проведенного патентно-информационного поиска по совершенствованию процесса замедленного коксования нефтяного сырья были проанализированы возможные варианты модернизации УЗК. В работе [1,104] описано, что дополнительная установка циклонов на выходе из реактора коксования парожидкостной смеси продуктов коксования позволяет повысить производительность установки. Увеличение же диаметра реактора коксования и установка газожидкостного контактора [2,145] приводит к повышению качества кокса и увеличению выхода бензиновой фракции. Кроме того, повышение выхода светлых нефтепродуктов при увеличении производительности установки по сырью и может быть достигнуто за счет включения в схему выносной секции ректификационной колонны [3].

Таким образом, в результате проведенных исследований действующего производства и анализ инженерных основ процесса замедленного коксования нефтяных остатков позволило установить, что наиболее эффективным способом совершенствования работы действующей УЗК является установка выносной секции ректификационной колонны, что позволит увеличить выход светлых нефтепродуктов до десяти процентов при повышении производительности по сырью.

Литература:

1. Небыков Д.Н. Совершенствование процесса замедленного коксования тяжелых нефтяных остатков/ Д.Н. Небыков, С.М. Леденев//Современные наукоемкие технологии 2010-№4.

2. Беленева Д.Г. Вариант усовершенствования процесса замедленного коксования для ООО «Лукойл – ВОЛГОГРАД НЕФТЕПЕРЕРАБОТКА»/ Д.Г. Беленева, Я.Л. Ускач//Международный журнал прикладных и фундаментальных исследований – 2010- №8.

3. Пат. 2075495 РФ, МПК C10B55/00. Способ получения нефтяного кокса/ Валявин Г.Г., Ветошкин Н.И., Запорин В.П., Гимаев Р.Н., Каракуц В.Н., Егоров И.В., Усманов Р.М., Сайфуллин Н.Р., Прокопюк С.Г., Теляшев Г.Г.,Федотов В.Е.; Институт проблем нефтехимпереработки Академии наук Республики Башкортостан; Заявл. 17.04. 1995.; Опубл. 20.03. 1997.

Наумова О.Н.
кандидат экономических наук, доцент, ФГБОУ ВПО
«Поволжский государственный университет сервиса»
naumovaon@tolgas.ru

АКТУАЛЬНЫЕ ПРОБЛЕМЫ ФУНДАМЕНТАЛЬНЫХ И ПРИКЛАДНЫХ ИССЛЕДОВАНИЙ ПОТРЕБНОСТИ ЭКОНОМИКИ РЕГИОНА В ПРОФЕССИОНАЛЬНО-КАДРОВОЙ СТРУКТУРЕ

Необходимым условием в эффективной реализации направлений модернизации системы профессионального образования в России на период до 2020 года является адекватное изменение системы управления данной сферой на всех уровнях, затрагивающее различные аспекты формирования системы обеспечения качества профессионального образования, основанное на изучении и прогнозировании потребности в профессиональной подготовке кадров. В условиях постоянного изменения состояния региональных (территориальных) рынков труда, снижения уровня государственного регулирования в большинстве сфер экономической жизни общества проблема изучения потребности отраслей (сфер) экономики в профессионально-кадровой структуре, уровнях и качестве подготовки специалистов является актуальной не только для органов исполнительной власти на федеральном и региональном уровнях, но и для каждой образовательной организации высшего образования в соответствии с задачей 2 «Приведение содержания и структуры профессионального образования в соответствии с потребностями рынка труда» Федеральной целевой программы развития образования на 2011-2015 годы (утверждена постановлением Правительства РФ от 07.02.2011 г. № 61), государственной программой Российской Федерации «Развитие образования» на 2013-2020 годы (утверждена распоряжением Правительства РФ от 22.11.2012 № 2148-р).

Заказ общества на подготовку профессиональных кадров должен стать действенным механизмом, способствующим обеспечению работодателей специалистами в необходимом количестве и требуемой квалификации, что является одной из приоритетных задач государственной политики в области повышения конкурентоспособности российской экономики, благосостояния и качества жизни населения, системы образования.

Ключевыми моментами в решении данной задачи становятся формирование и совершенствование систем мониторинга и прогнозирования ситуации на рынке труда, качества подготовки профессиональных кадров и обеспечения сбалансированности спроса и предложения на специалистов с профессиональным образованием, что обозначает актуальность и значительно повышает роль фундаментальных и прикладных научных исследований применительно к образовательным организациям высшего образования в целях формирования их образовательной политики, адекватной потребности рынка труда.

Составление перспективных балансов спроса и предложения профессиональных кадров выступает основным компонентом механизма управления кадровым потенциалом региона, важной составляющей эффективной модели организационно-экономического взаимодействия региональных систем профессионального образования и рынков труда, особенно в отраслевом разрезе. Возможность формирования такого прогноза обуславливается сведениями органов государственной статистики, которые отражают структуру занятости в отраслевом разрезе, видам экономической деятельности и уровню образования.

Министерство образования и науки Российской Федерации уже приступило к реализации принципа Болонского процесса по разработке системы менеджмента качества в образовательных организациях высшего образования и созданию общероссийской системы прогнозирования потребностей в профессиональных кадрах. Данная задача была поставлена поручением Д.А. Медведева от 31 августа 2010 года, сформированного по итогам совместного заседания Госсовета РФ и Комиссии по модернизации и технологическому развитию экономики России, и отмечена в качестве ключевой в Федеральной целевой программе развития образования на 2011-2015 годы, государственной программе Российской Федерации «Развитие образования» на 2012-2020 годы. В результате приказом Минздравсоцразвития РФ N 409, Минобрнауки РФ N 1667 от 19.05.2011 г. принято Положение о системе среднесрочного и долгосрочного прогнозирования занятости населения в целях планирования потребностей в подготовке специалистов в учреждениях высшего и среднего профессионального образования.

В отечественной и зарубежной науке и практике накоплен определенный опыт методологического обеспечения формирования системы менеджмента качества организации, системы оценки качества подготовки специалистов и прогнозирования спроса. Следует отметить, что подавляющее большинство прикладных исследований рынка труда ориентировано на изучение квалификационных требований, или качественных параметров той или иной профессии. Оценка качества подготовки специалистов в контексте определения кадровой потребности региона в количественном аспекте и в разрезе направлений подготовки (специальностей) в системе профессионального образования редко становятся предметом исследования. А в настоящее время решение данной проблемы требует не только применения административных ресурсов на уровне исполнительной власти региона, но и в соответствии с требованиями Болонского процесса активного включения каждой образовательной организации высшего образования в создание систем менеджмента качества подготовки профессиональных кадров.

В этой связи формирование на уровне образовательной организации высшего образования прогнозов потребности региона в профессиональной подготовке кадров в увязке с системой оценки качества подготовки обучающихся и выпускников позволит не только обоснованно подойти к формированию образовательной политики и регионального заказа на подготовку кадров в разрезе направлений (специальностей), но и выявить несоответствия в планах социально-экономического развития региона, их кадровой обеспеченности, проработать различные сценарии и способы достижения поставленных целей, сформировать программу совершенствования управления системой профессионального образования в регионе, что обуславливает актуальность фундаментальных и прикладных научных исследований по определению потребности в подготовке кадров.

Литература

1. Российская Федерация. Законы. Об образовании в Российской Федерации [Текст]: Федер закон № 272-ФЗ от 29 декабря 2012 г. // Рос. газ. –2012-31 декабря- № 5976.
2. Российская Федерация. Приказы. О реализации положений Болонской декларации в системе высшего профессионального образования Российской Федерации [Электронный ресурс]: Приказ Минобрнауки России № 40 от 15.02.2005 г. // Справочно-поисковая система КонсультантПлюс.
3. Васильев , В.Н., Гуртов, В.А., Питухин, Е.А. и др. Рынок труда и рынок образовательных услуг в субъектах Российской Федерации [Текст] / В.Н.Васильев, В.А.Гуртов, Е.А.Питухин и др.-М.: Техносфера, 2006.-232 с.
4. Васильева, З.А., Филимоненко, И.В. и др. Разработка методики прогнозирования спроса и предложения на рынке труда и образовательных услуг экономики муниципальных образований Красноярского края [Электронный ресурс]/ З.А.Васильева, И.В.Филимоненко и др. - Режим доступа: http://www. laburmarket.ru/conf5/reports/ (дата обращения: 05.07.2011).
5. Гуртов, В.А., Мезенцев, А.Г., Питухин, Е.А. Прогнозирование потребностей региональных экономик в выпускниках системы высшего профессионального образования [Текст] / В.А.Гуртов, А.Г.Мезенцев,

Е.А.Питухин// Рынок труда и рынок образовательных услуг в Карелии.-Петрозаводск.-2003.

6. Карапетов, Г.Л. Мониторинг и прогнозирование востребованности профессий, специальностей на рынке труда Республики Карелия [Текст] / Г.Л.Карапетов //Рынок руда и рынок образовательных услуг.-Петрозаводск.-2003.

7. Кузьмина, А.А. Опыт проведення мониторинга взаимовлияния рынка образовательных услуг профессионального образования и рынка труда в районах Тверского района [Электронный ресурс] / А.А.Кузьмина.- Режим доступа: http://www. laburmarket.ru/conf5/reports/ (дата обращения: 05.07.2011).

8. Марков, Д.В. Прогнозирование потребности Иркутской области в квалифицированных кадрах [Электронный ресурс] / Д.В.Марков.- Режим доступа: http://www. laburmarket.ru/conf5/reports/ (дата обращения: 05.07.2011).

Максименко А.Г.
к.э.н., Николаевский национальный аграрный университет

КАДРОВОЙ ПОТЕНЦИАЛ В СОВРЕМЕННОЙ УКРАИНЕ

Развитие современного мира не представляется возможным без участия в нем научных кадров. Именно наука, а точнее её создатели, создают необходимые условия развития социума, экономики. Мировые «умы» творят «чудеса» в экономическом и информационном пространстве. Достаточно вспомнить создателя Всемирной паутины Тима Бернса-Ли, без которой современный ритм жизни не был бы так динамичен.

Научные кадры ценились всегда и во все времена. На современном уровне за научные кадры даже ведутся «бои». Это объясняется тем, что управленцы начали понимать необходимость умных людей в составе их организации и всячески привлекать таковых к себе. В свою очередь, научные кадры также осознали свою значимость и цену в рыночных условиях. Теперь, если работник, имеющий инновационное мышление и использующий его в целях организации, может сам выбирать себе достойное место работы или же претендовать на повышение оплаты его работы.

Такой сценарий событий вполне прижился в американском обществе, на постсоветском пространстве он менее распространен. В чем же причина? Неужели наши кадры хуже зарубежных или они не хотят увеличения своих доходов? Конечно же нет. Люди бывшего СССР, во-первых, воспитаны по-другому, они более преданны одной организации; во-вторых, спрос, а главное, цена на такие кадры не очень-то велика. Именно вторая причина сопутствует оттоку кадров за границу. С этой проблемой столкнулась и Украина. В то время, когда необходимость в научных кадрах не была видна большинству управляющим организаций, эти люди уехали за признанием в другие страны.

Нынешняя Украина осознала свои ошибки и стремится пополнить баланс научных кадров на родине. Для этого создаются и принимаются правительством различные программы, проекты, указы, законы. одним из последних Указов, стоящих внимания, является Указ Президента Украины «О стратегии государственной кадровой политики на 2012-2020 года» [1].

В Указе говорится, что «целью государственной кадровой политики является обеспечение всех сфер жизнедеятельности государства квалифицированными кадрами, которые необходимы для реализации национальных интересов…». Также определены первоочередные задания, которые включают прогнозирование потребности в кадрах, формирование и исполнение госзаказа на подготовку кадров, оценивание качества образования и др.

Основной, на наш взгляд, задачей является обеспечение взаимодействия учебных заведений, научных организаций и предпринимательского сектора. Именно такое взаимодействие является эффективным в реализации кадровой политики государства. Взаимодействие указанных составляющих можно определить в виде схемы (рис. 1).

Рис. 1. Взаимодействие составляющих кадрового потенциала

Указанный рисунок 1 предполагает, что взаимодействие образовательных учреждений (высших, средних, общеобразовательных), научных организаций (научно-исследовательские центры, институты, академии и т.д.) и предпринимательского сектора (от больших предприятий до малых) даст наибольшее положительное влияние на формирование мощного кадрового потенциала страны. Мы не спроста начинаем рассматривать схему с образования, поскольку определить или хотя бы заметить наличие у человека инновационного мышления можно в раннем возрасте – в детском саду, в начальной школе. Дальше, при поддержке научных организаций, инновационность в человеке можно развивать давая возможность высказывать в научных трудах или показывать практически с помощью изобретений свои умения. Предпринимательский сектор – это тот фильтр, который покажет насколько затребованы те или иные идеи. Следовательно, если предпринимательскому сектору необходимы «свежие умы» они обратятся к сфере образования.

Возвращаясь к Украине, следует отметить, что страна выбрала правильный путь развития и создания кадрового потенциала. Но, связи между составляющими кадрового потенциала сейчас очень слабы. Предстоит массовая информационно-консультационная работа. Многие предприятия страдают от того, что не имеют доступа к информации о том, где эффективней повысить уровень знаний, квалификацию. Существующие на предприятиях системы оценки персонала зачастую только формальны, а если и работают, то мало эффективны. Без государственного вмешательства в развитие кадрового потенциала само по себе не произойдет. Поэтому считаем действия Украины направленные на создание и развитие кадрового потенциала страны необходимыми для современного общества.

Литература

1. О Стратегии государственной кадровой политики на 2012-2020 года : указ Президента Украины от 01.02.2012 № 45/2012 [Электронный ресурс] : [сайт]. — Режим доступа : http://zakon2.rada.gov.ua/laws/show/45/2012.

Вайнер А.С.
Новосибирский государственный университет экономики и управления «НИНХ»

СОВРЕМЕННЫЕ ПРОБЛЕМЫ УПРАВЛЕНИЯ КОНКУРЕНТОСПОСОБНОСТЬЮ МАЛЫХ ПРЕДПРИЯТИЙ НА РЫНКЕ БЫТОВЫХ УСЛУГ

Сфера услуг является интенсивно развивающейся отраслью нематериального производства, представляющей интерес для многих российских предпринимателей. Среди всего разнообразия спектра услуг, одними из наиболее востребованных и контактных, с точки зрения взаимодействия с потребителями, являются бытовые услуги (услуги, оказываемые населению).

Конкурентоспособность организации, работающей в сфере бытового обслуживания, во многом зависит от того, насколько она может приспособиться к изменяющимся условиям конкуренции на данном рынке. В отличие от конкурентоспособности товара, конкурентоспособность организации невозможно сформировать в короткий промежуток времени. Конкурентоспособность организации достигается при длительной и безупречной работе на рынке. Уровень конкурентоспособности организации определяют ее конкурентные преимущества, как внешние и внутренние. Повлиять на внешние факторы организация не в состоянии, что является определенной проблемой для ее работы, но зато внутренние факторы почти целиком являются контролируемыми. Внутренние и внешние факторы конкурентного преимущества применимы для абстрактной организации, но для каждой конкретной организации данные конкурентного преимущества необходимо уточнять, что также зачастую достаточно проблематично. Тем более, что отечественные авторы, наряду с зарубежными, не разделяют одного мнения при анализе факторов конкурентоспособности, а предлагают свои, различные методики и системы факторов.

Повышение уровня конкурентоспособности невозможно без исследований рыночной ситуации, факторов, формирующих конкурентоспособность и других маркетинговых инструментов, включающих изучение потребительского предпочтения.

В любом случае, конкурентоспособность предприятия нематериальной сферы однозначно зависит от качества оказываемых услуг. Важнейшим составляющим элементом конкурентоспособности продукции выступает качество продукции. Зарубежные специалисты по управлению считают, что конкурентоспособность продукции на 70-80% зависит от ее качества.

Но в свою очередь, мы сталкиваемся с очередной проблемой: как оценить качество услуги?

Качество услуг следует оценивать с точки зрения входных и выходных данных. Развитие позитивного имиджа требует, чтобы все входные параметры соответствовали очень высокому стандарту. Однако большинство потребителей не знают о качестве входных данных с производственной точки зрения. Люди судят о качестве по выходным данным – выгодам, полученным ими от предоставленной услуги [2].

Вообще, в мировой практике конкурентоспособность товаров и услуг определяются следующими основными факторами:

- соответствие качества товаров и услуг требованиям рынка и запросам, а также ожиданиям конкретных потребителей;

- совокупные затраты на закупку, доставку, хранение, обслуживание, ремонт, эксплуатация и утилизация товаров;

- способность организации выполнять поставки в срок и объемах, удобных для потребителя;

- репутация (имидж) организации на рынке, наличие аргументов, подтверждающих надежность организации как партнера, и способность представить эти аргументы.

Зачастую, значительную роль играют дополнительные факторы: уровень и организация сервисных услуг, организационно-коммерческие условия продажи, система товародвижения товаров на рынок, рекламная деятельность и меры по стимулированию сбыта [3].

Мы предлагаем конкурентоспособность предприятия сферы услуг рассматривать как комплексный показатель, включающий различные составляющие, по которым предприятие занимает лидирующее положение.

Этот показатель формируют факторы, касающиеся самого товара (в данном случае, услуги), так и факторы, касающиеся непосредственно, предприятия.

Такими факторами, на наш взгляд, касающихся конкурентоспособности предприятия могут быть:

- имидж предприятия;
- месторасположение;
- ассортимент предлагаемых услуг;
- уровень обслуживания (сервис);
- уровень подготовки и образования персонала;
- дополнительный сервис.

С нашей точки зрения, факторами, формирующими конкурентоспособность услуги, могут быть следующие:

- качество оказываемых услуг;
- стоимость услуги;
- «полезный эффект» услуги;

- доступность услуги.

Несмотря на большое количество работ, в которых анализируются различные аспекты деятельности и проблемы формирования рынка бытовых услуг, проблема в целом является недостаточно изученной.

Если брать за основу определение, что формирование конкурентоспособности – это установление, обеспечение и поддержание необходимого уровня конкурентоспособности товара на всех этапах его создания и продвижения до потребителя [4], то в отношении предприятия рынка услуг процесс формирования его конкурентоспособности должен осуществляться с учетом специфики самих услуг.

В первую очередь, при формировании конкурентоспособности предприятия сферы услуг необходимо отталкиваться от отличительных характеристик данной сферы. Что касается рынка бытовых услуг, то в данном случае необходимо учитывать типы предприятий этой отрасли, спектр оказываемых ими услуг, уровень обслуживания и т.д. Имея представление об особенностях функционирования данных предприятий, можно подходить к вопросу формирования их конкурентоспособности.

Литература:

1. Фатхутдинов Р.А. Управление конкурентоспособностью организации. Учебник. 2-е издание. М.: Эксмо, 2005. – 544 с.
2. Кулибанова В.В. Маркетинг сервисных услуг. Руководство по повышению конкурентоспособности. – Спб.: Вектор, 2006. – 192 с.
3. Еремеева Н.В., Калачев С.Л. Конкурентоспособность товаров и услуг. – М.: Колос, 2006. – 192 с.
4. Лифиц И.М. Теория и практика оценки конкурентоспособности товаров и услуг. М.: Юрайт-М, 2001 – 224 с.
5. Сфера услуг: проблемы и перспективы развития. Том 3. Особенности функционирования отдельных отраслевых групп услуг - М.: «Кандид», 2001. – 632 с. Под ред академика Свириденко Ю.

Стефанская М.А., Еганян Г.К., Новикова Е.О.
Зайцева И.В. - доцент, к.ф.-м.н.

РАЗВИТИЕ СОВРЕМЕННЫХ СИСТЕМ УПРАВЛЕНИЯ СКЛАДОМ

С каждым днем динамично развивающийся рынок предъявляет все больше условий для успешной деятельности фирмы. Как следствие возрастают требования к организации бизнес-процессов предприятий. В частности немало важной составляющей становится оптимизация работы склада предприятия, так как увеличиваются темпы поставки и изъятия товарной продукции, расширяется номенклатура товаров, увеличиваются складские площади и растет скорость производственных процессов.

На сегодняшний день новым фактором успешной деятельности предприятия стала организация эффективного управление складом посредством использования автоматизированной системы складского управления.

Система управления складом (WMS) представляет собой систему управления, которая обеспечивает автоматизацию и оптимизацию всех процессов складской работы профильного предприятия определенного масштаба.

Необходимость внедрения данной системы в работу склада обусловлена рядом возможностей, которые она открывает: оперативность получения информации о точном местоположении товара на складе; оптимизация использования складских площадей; обеспечение надлежащих условий хранения; уменьшение издержек хранения товаров; эффективное управление складскими запасами и так далее.

Рассмотрим популярные системы управления, действующие на отечественном и зарубежном рынках.

Программный продукт «1С:WMS Логистика. Управление складом» аккумулирует опыт и успешную практику, полученную при развитии и внедрении предыдущих версий программ для автоматизации складской логистики. Предназначена программа в основном для крупно-оптовых или производственных складов с большим ассортиментом и складов ответственного хранения [2].

По факту обработки складских операций функционал «WMS Логистика. Управление складом» позволяет выполнить такие операции как мониторинг состояния заказов и задач к выполнению; план-фактный анализ заказанного и отгруженного товара со склада; анализ загрузки склада по зонам и ячейкам хранения; план-фактный анализ ожидаемого к поступлению товара и по факту принятого на склад.

В «1С:WMS Логистика. Управление складом» реализован механизм управления распределенными информационными базами, который обеспечивает работу единого прикладного решения (конфигурации) с территориально разнесенными базами данных, объединенными в многоуровневую иерархическую структуру.

Это дает возможность строить на основе конфигурации «WMS Логистика. Управление складом» решения для предприятий сетевой или холдинговой структуры, позволяющие эффективно управлять бизнесом и видеть картину «в целом» с необходимой для принятия решений оперативностью. Данная система обеспечивает интеграцию с внешними программами отечественных и зарубежных разработчиков (например, технологическая подготовка производства, система "клиент-банк") и оборудованием (например, контрольно-измерительные приборы или складские терминалы сбора данных) на основе общепризнанных открытых стандартов и протоколов передачи данных.

Система «EME.WMS» в настоящее время используется во многих компаниях по всей территории России. Например, ее применяют такие крупные компании, как «Нестле Россия» и «Данон» и сотни средних и малых предприятий [3]. Столь широкое распространение программа получила за счет следующих видимых преимуществ:

- дает возможность применять как передовые технологии с терминалами сбора данных, так и работу с "бумажными" приказами;
- система способна гибко подстраиваться под все виды складов и отраслей;
- интегрируемость с различными корпоративными системами (SAP, Oracle, БЕСТ);
- быстрое внедрение на склад(в течение 4-6 недель) и скорость работы (10 секунд для склада в 10 000 ячеек);
- система «EME.WMS» не требует дополнительных лицензий на сервер БД, «платформу» и т.д.

Стоимость программы от 77 000 тыс. руб. и более в зависимости от числа рабочих мест на складе.

Система «Solvo.WMS» является быстроустанавливаемой, конфигурируемой, системой, которая позволяет эффективно автоматизировать процессы на средних и крупных складских комплексах с любым типом номенклатуры и объёмом оборота. Данный программный продукт используется такими известными фирмами как «Вимм-Билль-Данн Напитки»,«Golder-Electronics». Основные цели работы системы «Solvo.WMS»– повышение эффективности складских операций и производительности работы складского персонала и техники [1].

Достоинствами данной системы управления складским хозяйством являются:

- оптимизация хранение товара с максимально эффективным использованием складских площадей;
- наличие адаптированных отраслевых конфигураций для складов производства, дистрибуции, ритейла, фармацевтики;

- богатый инструментарий для пользовательской настройки;
- интеграция с большинством информационных систем и видов технологического оборудования;
- эффективное использование перспективных технологий, таких как Voice, RFID, динамические каналы отбора и многие другие.

Объем внедрения системы может варьироваться, исходя из реальных потребностей заказчика, от начального уровня (система управления на основе бумажных листов-заданий) до полнофункциональной системы управления складом в режиме реального времени, с использованием технологий штрихкодирования, радиооборудования передачи данных, системы позиционирования складской техники и других средств автоматизации.

В России ценовой диапазон данного программного продукта достаточно широк. Например, при небольшом объеме операций и площади склада 4–5 тыс. кв. м цена предложений варьируется от 50 до 200 тыс. USD.

Таким образом, внедрение WMS систем на предприятие позволяет автоматизировать и оптимизировать процессы складирования, значительно сокращая материальные и временные издержки и, как результат, повышает эффективность и конкурентоспособность бизнеса. Следует отметить, что из рассмотренных нами систем управления складским хозяйством «1C:WMS Логистика. Управление складом» особо эффективна в транспортных компаниях и предприятиях, ведущих работу с большим количеством товара широкого ассортимента. Система «EME.WMS» функциональна для предприятий алкогольной продукции, имеющих специфический документооборот. Программный продукт «Solvo.WMS» удобен на средних и крупных складских комплексах с любым типом номенклатуры и объёмом оборота, в частности применим в фармацевтической отрасли.

Список используемой литературы:

1. Solvo.WMS - современный стандарт систем управления складом. Режим доступа www.solvo.ru; дата обращения 06.10. 2013.
2. 1С:Предприятие 8. WMS Логистика. Управление складом. Режим доступа solutions.1c.ru/catalog/wms4/features; дата обращения 06. 10. 2013.
3. Преимущества EME.WMS для складской логистики. Режим доступа http://www.eme-wms.ru/; дата обращения 06.10.2013.

Логинов Ю.М.
к.э.н., магистрант специальности «Юриспруденция», направления
«Государственное, муниципальное право» ФГБОУ ВПО СГЭУ
Логинова Е.В.
к.э.н., доцент кафедры коммерции и сервиса ФГБОУ ВПО СГЭУ

ПУТИ ПОВЫШЕНИЯ ЭФФЕКТИВНОСТИ ГОСУДАРСТВЕННОГО ФИНАНСОВОГО КОНТРОЛЯ

Эффективность финансового контроля — сложная экономико-правовая категория. Она характеризуется определенными критериями и показателями.

В большинстве случаев, когда рассматривается вопрос об эффективности управленческой деятельности, прежде всего имеется в виду адекватность достигнутых в процессе ее осуществления результатов намеченным целям, степень приближения результата к цели с одновременным учетом производственных затрат (времени, материальных и денежных средств, трудовых ресурсов и т. д.). С учетом этого положения критерием эффективности финансового контроля целесообразно рассматривать соотношение достигнутого контролирующим органом результата к поставленной цели.

В широком смысле такими целями для государственного финансового контроля будут: рост темпов развития экономики, обеспечение стабильности финансовой системы, увеличение доходной части федерального бюджета и экономия средств в его расходной части [1, 6].

Конечный результат, то есть совокупность объективных последствий финансового контроля, — это главный критерий определения его эффективности. Получение данных о таком результате требует знания конкретного содержания деятельности контролирующего органа, реакции на его действия субъекта контроля, изменений, происходящих под влиянием контроля в управленческой деятельности.

Однако результаты финансового контроля будут неточными, если не учитывать сопровождающие проведение контроля затраты: длительность проверок, число участвующих в проверках лиц, различного рода расходы (на транспорт, командировки) при выезде на место и прочее. Затраты на проведение контроля могут быть большими или меньшими и должны соизмеряться с его результатами. В этой связи одним из критериев эффективности финансового контроля является его экономичность [1, 7].

Критерий действенности финансового контроля отражает то положительное влияние, которое финансовый контроль оказывает на содержание деятельности проверяемого органа или лица, ее качество.

Показатели, отражающие степень воздействия финансового контроля на деятельность подконтрольного субъекта или лица, его влияние на содержание управленческой деятельности, ее стиль, могут быть подразделены на количественные и качественные.

Структура эффективности финансового контроля состоит из двух частей: во-первых, это макроэффективность государственного финансового контроля и, во-вторых, промежуточная эффективность деятельности органа государственного финансового контроля.

Макроэффективность - это сумма эффектов, полученных от проведения финансового контроля, которые можно классифицировать следующим образом:

- социальный эффект;
- организационный эффект;
- экономический эффект;
- правовой эффект.

Социальный эффект финансового контроля проявляется в том, что по его результатам применяются меры к лицам, допустившим нарушение финансового законодательства, включая их увольнение и привлечение к уголовной ответственности. Кроме того, финансовый контроль за исполнением бюджета не позволяет отвлекать средства, предусмотренные на социальные программы, на другие цели, что обеспечивает развитие таких социальных институтов, как образование, здравоохранение, жилищно-коммунальное хозяйство, пенсионное обеспечение и др.

Организационный эффект заключается в том, что по итогам контрольных мероприятий, проводимых, предлагаются и реализуются меры по улучшению структуры исполнительной власти, в результате повышается управляемость в государстве, сокращаются излишние звенья или создаются новые, необходимые для экономики, повышается оперативность управления.

Экономический эффект достигается в результате улучшения деятельности органов исполнительной власти в части экономии бюджетных и внебюджетных средств, повышения рентабельности производства, снижения себестоимости продукции и т.д. [2, 11].

Правовой эффект определяется соотношением между фактическим результатом действия нормативного правового акта (НПА) и той социально-экономической целью, для достижения которой этот акт был принят. В этой связи можно рассматривать поведенческий правовой эффект НПА, когда достигаются ближайшие, тактические цели, связанные с поведением непосредственных адресатов НПА, и фактический правовой эффект, когда достигаются отдаленные, стратегические цели, связанные с развитием экономики, культуры и т. д.

Промежуточная эффективность деятельности органа государственного финансового контроля — это соотношение экономических результатов исполнения представлений и предписаний (возврат средств в бюджеты различных уровней, включая штрафные санкции; возврат средств на бюджетные счета предприятий и т.д.) и затрат на содержание органа государственного финансового контроля [1, 7].

Количественная оценка макроэкономической эффективности финансового контроля может быть определена по формуле (1):

$$Э_{ЭФ} = \frac{Э_С + Э_О + Э_Э}{3}, где \qquad (1)$$

$Э_{ЭФ}$ — экономическая эффективность;

$Э_С$ — денежное выражение социального эффекта;

$Э_О$ — денежное выражение организационного эффекта;

$Э_Э$ — денежное выражение экономического эффекта;

$З$ — затраты на содержание органа финансового контроля.

Как видно из формулы (1), не все показатели и не всегда можно оценить количественно и в денежной форме, поэтому в практической деятельности наиболее приемлем упрощенный расчет экономической эффективности (формула (2)):

$$Э_{ЭФ} = \frac{Э_Б + Э_С}{3}, где \qquad (2)$$

$Э_Б$ — средства, возвращенные на бюджетные счета и в федеральный бюджет;

$Э_С$ — средства, полученные в результате улучшения деятельности объекта контроля.

Промежуточная эффективность деятельности органа государственного финансового контроля рассчитывается по формуле (3):

$$Э_{ЭФ} = \frac{Э_Б}{3} \qquad (3)$$

В настоящее время работа органов государственного финансового контроля в России характеризуется несогласованностью и разобщенностью, отсутствием четкого взаимодействия. И связано это в первую очередь с тем, что не сформирована целостная система контроля за финансовыми потоками и использованием государственной и муниципальной собственности. Статус и полномочия контрольных органов определяют многочисленные правовые акты, зачастую допускающие дублирование и параллелизм при выполнении соответствующих функций. В результате, такая ситуация весьма негативно сказывается на народнохозяйственном развитии.

В Российской Федерации до настоящего времени отсутствует теоретически проработанная и законодательно оформленная концепция общегосударственного финансового контроля. Все существующие и обсуждаемые в экономической литературе предложения и варианты ограничиваются только государственным финансовым контролем и основываются на двух подходах [3].

Первый подход отражает позицию ряда авторов, рассматривающих процесс реформирования действующих органов финансового контроля в единую, иерархически, сверху донизу, выстроенную системную вертикаль. Крайнее выражение подобной точки зрения — объединение всех контролирующих и даже надзорных органов в единый контрольный орган федерального подчинения, который либо функционирует самостоятельно, либо подчиняется Счетной палате или Генеральной прокуратуре РФ.

Усиление роли Счетной палаты как органа, осуществляющего функции контроля за бюджетным процессом, за целесообразностью и эффективностью расходования государственных средств и коммерческого применения государственной собственности является одним из основных постулатов этого подхода. Поэтому для полноценного выполнения названных функций рекомендуется принять ряд новых правообеспечивающих деятельность Счетной палаты решений [4, 24].

По вопросу построения системы государственного финансового контроля в России существует и другой подход, авторы которого активно выступают против создания жестко иерархической соподчиненной контрольной системы, возглавляемый единым государственным органом. Они считают, что «системность» вовсе не требует «монолитности», то есть многоуровневой соподчиненности по принципу иерархической замкнутости, не позволяющей мобильно реагировать на динамичное изменение рыночных отношений. Системность при этом трактуется как наиболее рациональное соотношение между элементами централизации и децентрализации органов контроля, обеспечение координации деятельности контрольных органов в части научного и методического потенциала при сохранении их самостоятельного статуса.

В соответствии с рассматриваемой позицией структурная основа государственной системы контроля должна складываться, с одной стороны, из высших органов государственной власти и управления, наделенных Конституцией РФ и законодательно-нормативными актами в области государственного контроля. С другой стороны, ее составной частью могут стать специальные органы государственного контроля как ныне действующие, которые должны будут осуществлять свою деятельность в конкретных областях, являясь либо самостоятельными центральными органами исполнительной власти, либо крупными специализированными подразделениями федеральных министерств. В рамках их полномочий возможно создание своих территориальных органов, делегирование им своих прав и функций [5, 9].

Каждый из этих подходов имеет свои сильные и слабые стороны, однако при обсуждении возможных концепций организации государственной системы финансового контроля основное внимание уделяется проблеме контроля за бюджетным процессом, за целесообразностью и эффективностью расходования государственных средств, а также владения, распоряжения и использования объектов государственной собственности.

Сегодня для повышения эффективности всей правоохранительной системы государства, необходимы разработка и принятие комплекса поправок к действующим федеральным законам, таких как:

- уточнение ответственности государственных должностных лиц за нарушения требований закона при исполнении бюджетов разных уровней и внебюджетных фондов, а также при распоряжении государственной собственностью;

- конкретизация наступления ответственности должностных лиц за неисполнение предписаний контролирующих органов;

- совершенствование форм финансовой отчетности всех органов государственной власти и др.

В настоящее время не обеспечена координация действий органов финансового контроля. Принципиальные полномочия по проведению проверок за рациональным и целевым использованием государственных средств и материальных ценностей ряда государственных органов, осуществляющих финансовый контроль, как правило, пересекаются. Между тем абсолютное большинство контрольных органов имеют достаточно специфические задачи и поэтому их сфера деятельности четко ограничена. Подобную специфику имеют налоговые, таможенные органы, органы валютного контроля.

Таким образом, в основе повышения эффективности государственного финансового контроля лежит обеспечение согласованности и четкого взаимодействия контролирующих органов, определение приоритетных и исключительных направлений их контрольной деятельности с одновременным совершенствованием процесса реализации основной функции этих органов - контроль за законностью, эффективностью и целевым расходованием государственных средств каждым получателем выделенных ресурсов.

Литература:

1. Опенышев С.П., Жуков В.А. Теоретические и методические основы оценки эффективности государственного финансового контроля. // Бюллетень Счетной палаты Российской Федерации. — 2001 — № 11.

2. Пансков В.Г. О некоторых вопросах государственного финансового контроля в стране // Финансы. — 2002 — № 5.

3. Подберезкин А.И., Кириков Е.П., Суров С.П. Нужно начинать сначала — с создания концепции государственного финансового контроля.

// Материалы сайта «Современная Россия. Информационно-аналитический портал». — www.nasledie.ru/schetpal/.

4. Ефимова Н. О двух подходах к реформированию государственного финансового контроля РФ // Российский экономический журнал. — 2000 —№ 11-12.

5. Андрюшин С.А., Дадашев А.З. Научные основы организации системы общегосударственного контроля // Финансы. — 2002 — № 4.